Ullstein Sachbuch

Ullstein Sachbuch
Ullstein Buch Nr. 34005
im Verlag Ullstein GmbH,
Frankfurt/M – Berlin – Wien
Titel der amerikanischen
Originalausgabe:
»The Psychic Power of Animals«
Übersetzt von Wolfgang Dreßen

Umschlagentwurf: Manfred Siegler

Printed in Germany 1979
Gesamtherstellung: Ebner Ulm
ISBN 3 548 34005 9

CIP-Kurztitelaufnahme
der Deutschen Bibliothek

Schul, Bill:

PSI bei Tieren: d. geheimnisvolle Welt, in d. Tiere leben / Bill Schul. [Übers. von Wolfgang Dressen]. – Frankfurt/M, Berlin, Wien: Ullstein, 1979.
([Ullstein-Bücher] Ullstein-Buch; Nr. 34005: Ullstein-Sachbuch)
Einheitssacht.: The psychic power of animals ‹dt.›
ISBN 3-548-34005-9

Bill Schul

PSI bei Tieren

Eine aufregende
Dokumentation über die
Geheimnisse der Tierwelt

Ullstein Sachbuch

Inhalt

Vorwort

Immer habe ich die Menschen bedauert, die sich nie über Tiere freuen oder wundern konnten.

Jemand, der sich nie neben das Lager einer Mutterkatze und ihrer Jungen gekauert hat, der niemals beobachtete, wie Schwalben Tag um Tag ihr Nest für das Frühjahr bauen, der niemals einem noch feuchten Fohlen bei seinen ersten Schritten geholfen hat oder niemals die Schönheit der großen kanadischen Gänse auf ihren halbjährlichen Flügen bewundern konnte, der niemals alleine, weitab von allen Menschen, auf dem Land war, unter den Sternen schlief und der Nachtwelt der Tiere lauschte, der niemals die anhängliche und treue Liebe eines Haustieres spürte und weinte, wenn ein alter Kamerad und Freund ihn verließ, – an einem solchen Menschen ist ein wesentlicher Teil dieser Welt vorübergegangen.

Alle Menschen, die ihr Leben mit einem bepelzten, gefiederten oder beschuppten Freund teilten, wird dieses Buch darin bestärken, daß Tiere wunderbare Lehrer sind. Alle, die nicht so glücklich sind, wird dieses Buch vielleicht einem neuen Abenteuer näher bringen, das vor ihrer Haustür auf sie wartet.

Es gibt unzählig viele Geschichten über die Treue und Hingabe der Tiere. Oft sind wir verwundert, daß Tiere häufig Fähigkeiten entfalten, deren Mangel wir häufig beim Menschen bedauern. Das ist sicher nicht unbedingt berechtigt, denn die Menschen haben andere und riesige Leistungen vollbracht. Aber wir sind doch verwirrt, wenn ein Mensch die höchsten Berge erklimmen und genauso sich in den tiefsten Verzweiflungen verlieren kann. Wenn wir so das Schicksal des Menschen auf diesem Erdball betrachten, meinen wir auch, daß nur er die Fähigkeit besitzt, zu verstehen, was Leben überhaupt ist. Das Tier wird dagegen von solchen schwierigen Fragen und von solchen Zweifeln nicht heimgesucht. Das Tier erscheint uns als ein liebevolles, vertrauendes, unschuldiges Naturkind. Wir glauben, genau voraussagen zu können, daß es sich unter bestimmten Umständen in der und der Weise verhält.

Und dann entdecken wir eines Tages, daß unser Naturkind von der Welt viel mehr wahrnimmt als wir. Es ist nicht in eine durch fünf Sinne eingekapselte Welt eingeschlossen wie der Mensch. Es ist viel sensibler gegenüber seelischen Phänomenen, gegenüber Erscheinungen und Geistern, es kann vor Ereignissen warnen, die sich Hunderte von Meilen entfernt abspielen, kann besser Katastrophen und Tragödien, natürliche und vom Menschen ausgehende Gefahren voraussehen, es kann ein Ziel ansteuern, das Tausende Meilen entfernt liegt, ohne auch nur einen einzigen Hinweis, ohne den Weg dahin jemals gesehen zu haben.

Wir meinen immer, daß Tiere, anders als wir, ganz simple Wesen seien. Aber wie erklären wir uns dann, daß der eine Hund eine Katze tötet, während der andere Hund sich bemüht, das Leben einer Katze zu retten? Wie erklären wir, daß einige Tiere Monate, ja sogar Jahre damit verbringen, ihren verlorenen Herrn wiederzufinden, während andere Tiere sich überhaupt nicht um ihren Ernährer kümmern, obwohl sie genug zu fressen bekommen? Wie erklären wir, daß das eine Haustier den Tod seines Besitzers spürt, obwohl er in einem ganz anderen Land gestorben ist, während das andere Tier nichts merkt, obwohl sein Herr im Nebenzimmer stirbt? Warum durchquert der eine Schäferhund die ganze Stadt, um seinen Herrn vor einer drohenden Gefahr zu schützen, während der andere Schäferhund selbst die Gefahr nebenan nicht spürt?

Solche Vergleiche können endlos fortgesetzt werden, und die jeweiligen Unterschiede sind sehr groß. Und vielleicht muß man doch annehmen, daß Tiere, sogar Hunde derselben Art, sich genauso voneinander unterscheiden wie die Menschen.

Wenn jemand behauptet, er verstünde Hunde, dann soll er einmal die Begabungen Missies erklären, des hellsichtigen Boston-Terriers, oder die des Bassets, der Kaninchen beschützt, der Hunde, die selbst nach ihrem Tod zurückkehren, um ihre früheren Herren vor einer Gefahr zu warnen, und was ist mit Dox, der nicht nur Kriminelle verfolgt, sondern auch noch Beweisstücke sammelt, mit Duke, der politische Begabungen zeigte, oder mit Chips, der sein Leben aufs Spiel setzte, um seine Kompanie aus dem Maschinengewehrfeuer zu retten, oder gar mit dem Phantomhund, der einen völlig Fremden vor einem Angriff schützte, was ist mit Mr. Lucky und Blitz, die die menschliche Sprache beherrschten und den vielen, vielen anderen Tieren, die sich völlig anders verhielten, als man es annahm.

Leuten, die behaupten, alles über Katzen zu wissen, wird es schwerfallen, das Verhalten Timothys zu erklären, die ihre Verbrechen bereute, und was ist mit Gypsy, die den Unterschied zwischen Normal-

und Sommerzeit verstand, mit den Katzen, die den Tod prophezeiten, oder mit Willy, die immer genau wußte, wann Lotto gespielt wurde, und all den Katzen, die während der deutschen Bombenangriffe auf London durch ihre Voraussicht viele, viele Menschen vor dem Tod bewahrten, was ist mit den Katzen, die auf telepathischem Wege Botschaften vermittelten, oder der Katze, die es vorzog, auf dem Grab ihres Herrn zu bleiben, der Geisterkatze von Congleton?

Viele erfahrene Pferdezüchter und -trainer werden wohl einige Schwierigkeiten haben, zu erklären, wieso die wildesten und eigensinnigsten Stuten innerhalb weniger Minuten John Solomo Rorey gehorchen, und was es mit den sprechenden Pferden von Elberfeld auf sich hat, oder mit Lady Wonder, dem telepathischen Pferd, den Geisterpferden aus Colorado, den Pferden, die sich weigerten, fortgegeben zu werden. Sie werden kaum die Übersensibilität eines Pferdes erklären, das eine ganze Gruppe kranker Menschen vor dem Erfrieren rettete. Wie kann irgend jemand von uns den Kanarienvogel verstehen, der starb, damit seine Herrin leben konnte, oder die Biber, die sich um einen verirrten Jungen drängelten, um ihn vor dem Erfrieren zu retten, den Pavian, der sich um seinen verkrüppelten Herrn kümmerte und für ihn arbeitete, die Bienen, die das Begräbnis ihres Besitzers erwarteten, die Bären, die sich auf Heilkräuter verstehen, oder die Krabben, die im Ozean Gezeiten wahrnehmen, über Tausende von Meilen hinweg, die merkwürdigen Formationsflüge der Schwäne beim Tod ihrer Herren, die dabei ihre Art Requiem feiern, die personalisierte Sprache der Raben oder die Himmelsorientierung der Zugvögel? Noch schwieriger wird es sein, die schon fast genialen Fähigkeiten der Delphine zu erklären, dieser Intellektuellen der See, die über ein viel größeres und komplexeres Gehirn als wir verfügen. Hier wird bereits das Podest unsicher, auf dem der Mensch steht und seine Überlegenheit proklamiert.

Ein alter Wüsteneinsiedler erzählte einmal J. Allen Boone, er müsse die Hunde selber fragen, wenn er sie verstehen wollte. Genau das taten die amerikanischen Indianer. Heute folgen ihnen Fred Kimball und Beatrice Lydecker, die sich mit Tieren unterhalten, und Mildred Proberts Dialog mit Missie muntert uns auf, »den Pferden aufs Maul zu schauen«. Der Einsiedler sagte: Menschen können über Tiere nur Meinungen wiedergeben, sie geben keine Antworten.

Auf den folgenden Seiten hören wir von Tieren, von Indianern, Wissenschaftlern, Naturforschern, Psychologen, Trainern, von Tierliebhabern in der ganzen Welt. Geschichten werden erzählt, Fälle zitiert, über Experimente wird berichtet, Theorien werden vorgeschlagen.

Ich hoffe, daß dieses Buch Sie dazu ermuntert, meine Bewunderung für all die großen und kleinen Kreaturen zu teilen, die mit uns auf der Erde leben, und meine Ehrfurcht vor ihnen. Je besser wir einen dieser Mitbürger verstehen, desto besser werden wir uns selbst verstehen.

1 Neue Landkarten des Bewußtseins

Er war angewiesen worden, ihn als ein intelligentes menschliches Wesen zu behandeln, ihm niemals etwas zu sagen, was er nicht auch meinte, und ihm jeden Tag etwas Wertvolles vorzulesen. Sehr merkwürdige Instruktionen für jemanden, der sich um einen Hund kümmern soll, dachte der Schriftsteller und Produzent J. Allen Boone. Sicherlich handelte es sich nicht um einen gewöhnlichen Hund, es war Strongheart, ein internationaler Champion und eine berühmte Filmpersönlichkeit. Trotzdem war Boone nicht auf das vorbereitet, was er von seinem vierbeinigen Begleiter lernen sollte.

Bald nach Stronghearts Ankunft in Boones Haus entstand ein Konflikt zwischen ihnen, der sich um ihre Lebensgewohnheiten drehte. Boone beschwerte sich bei dem Hund. Strongheart hörte aufmerksam zu, und dann erläuterte er in seinen Gesten und Mienen genau die Gründe seines Verhaltens.

»Ich hatte zu Strongheart in meiner Sprache geredet, einer Sprache der Gedanken und Gefühle, die über menschliche Sprachsymbole vermittelt wird«, stellte Boone in seinem Buch »Kinship with All Life« fest. »Er war sofort fähig, alles aufzunehmen, was ich gesagt hatte, und mich zu verstehen. Dann antwortete er mir in seiner Sprache, mit einfachen Tönen und mit Gesten und Mienen, von denen er annehmen konnte, daß ich ihnen ohne zu große Schwierigkeiten folgen konnte. Strongheart hatte mich genau verstanden, und mit seiner genauen und eindringlichen Hundeweisheit machte er es mir möglich, ihn auch zu verstehen. Zum erstenmal wurde ich mir bewußt, mich mit einem Tier vernünftig verständigen zu können. Dank der geduldigen Hilfe des Hundes konnten wir uns unsere jeweiligen Meinungen mitteilen, unsere Ansichten austauschen und dadurch Schwierigkeiten lösen, die unser Verhältnis bedrohten. Seine angeborene Weisheit übertraf mein intellektuelles Denkvermögen in allen Punkten. Ich sah ein, wie wenig ich über die intellektuellen Fähigkeiten eines Hundes wußte, und über seine Möglichkeiten, diese Fähigkeiten auch praktisch mitzuteilen. Ich durfte ein Tier beobachten, das aus eigenem Antrieb handelte, mir sein unabhängiges Denken mitteilte, sein genaues Überlegen, seine richtigen Urteile, seine Voraussicht, seine Klugheit und seinen gesunden Menschenverstand. Mir war beigebracht worden, daß solche Fähigkeiten mehr oder weniger ausschließlich dem Menschen zukamen, ja mehr noch, nur den gebildeten Mitgliedern unserer Spezies. Und hier war ein Hund, der dies alles übertraf!«

Jeder Tierliebhaber kann uns Geschichten von den unmittelbar geistigen Kräften seiner Hunde und Katzen oder unzähliger anderer großer und kleiner Kreaturen erzählen. Und die meisten kennen zumindest eine Geschichte über unerklärliche psychische Kräfte der Tiere. Eine solche Anekdote über einen Hund, der etwas konnte, was er doch eigentlich nicht können sollte, lockert jede Gesellschaft auf. Solche Geschichten faszinieren jung und alt gleichermaßen. Warum ist das so? Der Erzähler glaubt seiner Geschichte, und wir haben wenig Gründe, an der Wahrheit zu zweifeln. Dann gibt es noch so etwas wie romantische Reste in uns, die uns daran hindern, solche Abenteuergeschichten über Tiere einer wissenschaftlichen Prüfung zu unterziehen. Vielleicht lieben wir daran auch das Geheimnis und finden doch eine Welt anziehender, in der es noch Unbekanntes gibt, als eine Welt, die auf Formeln reduziert ist.

Aber die Fragen bleiben doch; wenn man sich bei dem Unbekannten auch unterhält, versucht unser Gehirn doch, dieses Unbekannte zu erklären.

Und was geschieht, wenn wir in den Schädel des Tieres hineinblikken, wenn wir sein Gehirn analysieren? Können menschliche und tierische Intelligenz sinnvollerweise miteinander verglichen werden? Um den Grad menschlicher Intelligenz zu bestimmen, messen wir eine Reihe von Fähigkeiten. Allerdings kann man auch diese Tests nicht miteinander vergleichen, da die verschiedenen Intelligenztests auch jeweils verschiedene Fähigkeiten messen. Schon deshalb können menschliche Intelligenztests nicht unmittelbar auf Tiere bezogen werden. Außerdem leben verschiedene Tiere unter jeweils verschiedenen Umständen und brauchen deshalb ganz verschiedene Fähigkeiten.

Diese Unterschiede werden von Vincent und Margaret Gaddies in ihrem Buch »The Strange World of Animals and Pets« beschrieben: »Viele wilde Tiere werden in Gefangenschaft zu rührenden Neurotikern. In den Zoos beraubt man sie der Umgebung, die sie für ihr normales Verhalten brauchen. Sie ziehen sich oft in ein völlig eintöniges Verhalten zurück, sie sind frustriert und reagieren schließlich mit Gewalt; andere Tiere leiden unter chronischen Depressionen, sie sind sexuell völlig besessen oder gehemmt, ihre Gefühle sind krank, all das führt zu psychischen Schäden, ja sogar zum Tod der Tiere.

Wenn man annimmt, man könnte Intelligenztests an wilden Tieren durchführen, nachdem sie eingesperrt wurden und all ihre Verhaltensweisen zerrüttet sind, ist nur komisch. Nur in ihrer natürlichen Umgebung blitzen ihre natürlichen und überragenden Begabungen auf.«

Die Autoren zitieren Ralph Helfer, einen Tiertrainer aus Hollywood, der sagt, daß es falsch sei anzunehmen, Tiere würden in der gleichen Weise wie Menschen denken: »Die Leute machen den Fehler, die Intelligenz der Tiere an sich selbst zu messen. In einem Tiger steckt eine erstklassige Intelligenz, die sich von unserem Denken völlig unterscheidet.«

Die Gaddies schreiben weiter: »Laboratoriumsforscher wollen die tierische Intelligenz herausfinden, indem sie Labyrinthe oder irgendwelche vertrackten Kisten benutzen oder ihre Opfer sollen ein richtiges Symbol anstoßen oder aufpicken, um eine Belohnung in Form von Futter zu bekommen. Solche und ähnliche Methoden bleiben unbefriedigend. Wenn es gutgeht, kann man den Intelligenzgrad und die Reaktionszeit eines einzelnen Testtieres messen. Denn nicht nur zwischen den verschiedenen Arten, auch zwischen den einzelnen Tieren gibt es erhebliche Unterschiede. Es gibt gerissene und es gibt dumme Katzen. Deshalb können Zoologen auch keiner besonderen Intelligenzskala zustimmen.

Je höher die Intelligenz eines Tieres ist, desto weniger wird es von seinen Instinkten geleitet und desto mehr muß es von seinen Eltern lernen. Weitgehend muß es darauf vorbereitet werden, selber Probleme zu lösen. Solche höher entwickelten Tiere brauchen eine lange Periode, in der sie lernen und reifen. Man hat angenommen, daß der Mensch die längste Reifungszeit braucht, um seine geistigen Fähigkeiten zu entwickeln, aber es scheint, daß der Elefant genauso lange braucht. Gezähmten Elefanten traut man erst mit zwanzig Jahren die nötige Reife zu, zu arbeiten. Manche Leute nehmen an, daß der Pottwal noch eine längere Reifungszeit braucht als der Mensch oder der Elefant.

Die schwedischen Autoren Karl-Eric Fichtelius und Sverre Sjolander definieren in ihrem Buch »Smarter Than Man?« Intelligenz: ». . . die Fähigkeit zu differenzieren, zu kombinieren und zu verallgemeinern, zu analysieren und zu assoziieren, Dauer wahrzunehmen und den Zusammenhang zwischen Ursache und Wirkung verstehen, sich die Folgen gewollter Handlungen vorstellen können, die Mittel für ein gewünschtes Ziel erwägen und finden.«

Als ein Beispiel für eine solche Intelligenz erzählen Fichtelius und Sjolander uns von zwei Delphinen, die mit einem Aal spielten. Der Aal entkam ihnen immer wieder in ein Loch am Boden. Einer der Delphine fing mit einem Giftstachel einen kleinen Fisch, nahm ihn vorsichtig ins Maul und steckte ihn in das Loch, in dem sich der Aal verbarg. Sofort schwamm der Aal heraus, und das Spiel konnte weitergehen. Diese Geschichte hat der bekannte dänische Ethologe Hilger Poulsen erzählt. Fichtelius und Sjolander schreiben in diesem Zusammenhang: »Delphine können durch Beobachtung lernen. Bei Delphinshows passiert es oft, daß ein Delphin einen Trick aus irgendeinem Grund nicht schafft, von dem er allerdings angenommen hatte, daß er ihn beherrscht. Bei mehreren Gelegenheiten konnte man dann beobachten, daß ein völlig untrainierter Delphin einsprang und den Trick perfekt ausführte. Solches Lernen durch Beobachten kommt sonst nur bei Menschen und bei Affen vor.«

J. H. Williams erzählt in einer Geschichte (»Elephant«) von einem Elefanten, der dazu benutzt wurde, schwere Blöcke sehr hoch zu heben. Dabei mußte der Elefant die Blöcke mit seinem Rüssel in einem bestimmten Winkel halten. Mehrere Blöcke blieben aber in einer Lage, die für den Treiber sehr gefährlich wurde, wenn die Blöcke aus dieser Höhe heruntergefallen wären. Ohne irgendeine Anleitung setzte der Elefant den Block, den er gerade hielt, wieder ab, holte einen schweren Baumstamm und klemmte ihn waagrecht zwischen Rüssel und einen Stoßzahn. Wenn er dann den Block wieder hochhob, blieb der Baumstamm eine Art Barriere, die den Treiber schützte. Williams erzählt uns auch von zwei jungen Elefanten, die Kot in die Glocken stopften, die um ihren Hals hingen: Die Glocken konnten nicht mehr läuten. Dann begannen sie nachts ganz ruhig Bananen zu stehlen. Auf diese Weise plünderten sie ganze Bananenpflanzungen und wurden nicht entdeckt.

Wir können nur schwer messen, wie intelligent Delphine oder Elefanten sind, denn wir wissen noch nicht, für was ihre großen Gehirne gebraucht werden. Aber offensichtlich halten diese Tiere ihre Gehirne für ganz nützlich; sie dienen Zwecken, die wir nicht verstehen können. Nach unseren Intelligenztests scheint der Mensch das klügste aller Tiere zu sein. Aber wir sind vielleicht doch nicht das intelligenteste Tier, wenn dies bedeutet, unser Verhalten auf veränderte Informationen aus unserer Umwelt einzustellen. Und das gehört nach Fichtelius und Sjolander ja wesentlich zur Intelligenz dazu. Auf die faszinierenden Delphine werde ich später zurückkommen, aber eins kann ich jetzt schon sagen: Bevor wir endgültige Schlüsse ziehen, müssen wir noch eine Menge über das Gehirn lernen.

Viele Wissenschaftler überlegen nun, ob es nicht vielleicht falsch sei, Gehirn und Verstand miteinander zu verwechseln. Hierbei stimmen sie mit den Mystikern überein, die lange behauptet haben, daß das physische Gehirn nicht der einzige Sitz des Geistes sein kann. Es müßte einen nicht physischen Geist geben, der das Gehirn als eine Art Instrument benutzt. In diesem Modell kann der Geist auch ohne Gehirn existieren. Der Geist schafft und benutzt das Gehirn, um innerhalb eines physischen Körpers funktionieren zu können. Wenn das stimmen sollte, dann werden wir über das Gehirn den Sitz, das Funktionieren und den Grad der Intelligenz nicht bestimmen können. Richtig verstanden wird die Komplexität des Gehirns uns aber begreifen lassen, wie dieses Kontrollzentrum einen zu vielen Handlungen fähigen Körper leitet.

All dies führt uns dazu, das Bewußtsein nicht als das Produkt des Körpers, des Nervensystems und des Gehirns zu verstehen, sondern umgekehrt. Ein bestimmtes Bewußtsein schafft einen bestimmten Körper, ein bestimmtes Nervensystem und Gehirn. Wir können zwar annehmen, daß einem bestimmten Körpersystem auch ein bestimmtes Bewußtsein entspricht. An einem Körpersystem können wir aber nur dann auch das entsprechende Bewußtsein erforschen, wenn wir alle Ausdrucksformen dieses Bewußtseins kennen. So sind wir immer noch dabei, unser eigenes Bewußtsein zu vermessen und zu erforschen, und es scheint, daß unser Verständnis eines anderen Bewußtseins noch unvollständiger ist.

Es spricht einiges dafür, daß Teile des Geistes mit allem im Universum in Kontakt stehen, unabhängig von Form, Raum und Zeit. Wenn man die Rätsel des Menschen und der anderen Tiere lösen will, sollte man sich vielleicht weniger auf unterteilende Gedankenspielereien verlassen als zu versuchen, das eine Bewußtsein zu verstehen, in dem alle Lebensformen sich bewegen und existieren.

Der Biologe Lyall Watson schreibt in seinem Buch »Supernature«: »Auf der Erde gibt es ein einziges Leben, das jedes Tier und jede Pflanze auf diesem Planeten umfaßt. Die Zeit hat es in viele Millionen Teile aufgespalten, aber jedes Teil bleibt ein integraler Teil des Ganzen. Eine Rose ist eine Rose, aber sie ist auch eine Robbe und ein Kaninchen. Wir sind alle aus einem Fleisch und kommen aus demselben Schmelztiegel. Das ist das Geheimnis des Lebens. Das heißt, es gibt nicht nur eine dauernde Kommunikation zwischen Lebewesen und ihrer Umgebung, sondern auch zwischen allen Lebewesen innerhalb dieser Umwelt. Ein dichtes Netz gegenseitiger Abhängigkeit verbindet alles Leben zu einem großen, sich selbst erhaltenden System. Jedes Teil hängt von allen anderen Teilen ab, und wir sind alle Teil des Ganzen . . .«

Jedes Teil hängt von allen anderen Teilen ab . . ., wie könnten wir auch sonst erklären, wie ein so enges Band zwischen einem Menschen und seinem Hund möglich ist, daß dieser Hund, trotz seines Überlebensinstinktes, sein Leben aufgibt, um das seines Herrn zu retten? Auf welche Wellenlänge hatte Bobbie geschaltet, die sie über Tausende von unbekannten Meilen hinweg ihre Familien finden ließ?

Vincent und Margret Gaddies geben eine Geschichte wieder, die ihnen der Naturforscher Alan Devoe über einen Mann namens Phil Traband erzählt hat. Dieser Mann streifte in den Wäldern umher. Eines Tages hörte er hinter sich Laute, er drehte sich um und sah eine große Katze, einen Luchs, der auf ihn zukam. Im allgemeinen wird der Luchs als niederträchtig und gefährlich angesehen, aber Traband blieb stehen und wartete. »Als die Katze näher schlich, konnte er in ihren Augen einen unbezweifelbaren Blick einer verwandten Seele sehen, die um Hilfe rief. Maul und Schnauze der Katze waren geschwollen, und als der Mann fast instinktiv seine Hand ausstreckte, öffnete das Tier sein Maul. Irgendwie hatte ein Fangzahn des Luchses seine Zunge durchgebissen und war stecken geblieben. Die Wunde war entzündet.

Ein Klagelaut kam aus dem Hals der Katze, als Traband ihr Maul festhielt. So vorsichtig er konnte, befreite er die Zunge von dem Fangzahn. Das dauerte mehrere lange Minuten und muß sehr geschmerzt haben. Aber die Wildkatze hielt still. Als die Zunge frei war, zog der immer noch ganz ungläubige Mann seine Hand zurück. Ein Schimmer von Dankbarkeit leuchtete in den Augen der Katze auf, und mit einem leisen ›mrroww‹ verschwand die Katze in den Wäldern.« Wie müssen wir diese Geschichte verstehen? Woher wußte die Katze, daß der Mann, dem sie folgte, sie verstehen und ihr helfen würde? Auf irgendeiner Ebene gab es da eine Verständigung, irgendeinen Sinn, der mit Reagenzgläsern oder einem Skalpell nicht aufgespürt werden kann.

2 Sie sprechen mit Tieren

»Sie haben da einen dicken kleinen Hund.«

»Ja«, antwortete ich ohne Zögern, denn man kann unseren überfütterten weiblichen Basset wirklich nicht anders beschreiben. »Sie ist richtig fett, und sie heißt Sady.«

»Na, dann wollen wir mal sehen, was Sady dazu sagt . . .« Es entstand eine Pause, und dann: »Sady sagt, es gäbe nicht viel zu tun, sie sitzt herum und paßt auf, ihr würde nicht viel fehlen.«

Das war sehr wahr. Wir hatten niemals ein Haustier gehabt, das so genau beobachtete wie unser fünf Jahre alter Basset mit seinen traurigen Augen. Sie rannte nicht die ganze Zeit um die Farm herum, und doch schien sie überall nah genug zu sein, um alles still in sich aufzunehmen. Egal was du gerade tust, wenn du aufblickst, beobachtet dich Sady. Und dabei legt sie sich gerade so hin, daß sie verschiedenes gleichzeitig beobachten kann.

»Sady sagt, Sie würden hinken, und sie mache sich deshalb Sorgen.«

»Nein, ich . . .«, zunächst wollte ich die Wunde leugnen, aber ich erinnerte mich, daß ich vor einigen Tagen in einen rostigen Nagel getreten und mit dem Fuß immer noch sehr vorsichtig war.

»Sie erzählt auch von einem alten Mann, der mit seinem Nacken Ärger hat.«

»Das wird sich auf meinen Vater beziehen. Er ist unser Nachbar und leidet bereits seit einigen Jahren an seinem steifen und schmerzenden Nacken.«

»Bei Ihnen lebt auch eine Frau, die sie liebt und von der sie geliebt wird. Aber diese Frau wird manchmal sauer, wenn sie sich im Schlamm wälzt oder Süßigkeiten aus der Küche klaut. Sie erzählt, daß diese Frau eine Menge redet, aber überhaupt nicht singen kann.«

»Sicher war ich jetzt an der Reihe«, lachte später meine Frau. »Dieses alte Plappermaul!«

Sady wälzt sich wirklich immer im Dreck und Schlamm, und nichts tut sie lieber als unbeaufsichtigten Kuchen, Plätzchen oder Bonbons vom Tisch zu stehlen.

Der Mann, der hier unser Haustier interpretierte, war Fred Kimball, bekannt als »der Mensch, der mit Tieren spricht«. Er ist ein ausgebildeter Psychologe und Hellseher. Woher wissen wir, daß er nicht einfach meine Gedanken las? Vielleicht überzeugt das nicht unbedingt, aber Sady erzählte Kimball auch eine Menge Dinge, von denen ich nichts wußte und von denen ich mich erst später überzeugen konnte: Sie hatte ein bestimmtes Spielzeug in einer Ecke ihrer Hundehütte versteckt, und an einem bestimmten Platz, den ich wiederfand, verbarg sie einen Knochen.

Die Menschen sind sehr selbstzufrieden und blind: Sie glauben gern, daß der Homo sapiens das einzige Wesen sei, das über eine wirkliche Intelligenz verfüge. Mittlerweile haben wir schon akzeptiert, daß Menschen Gedanken lesen und sich telepathisch verständigen können. Aber wir ziehen doch unsere Augenbrauen erstaunt hoch, wenn jemand behauptet, ein zweibeiniges und ein vierbeiniges Lebewesen hätten sich unterhalten. Aus irgendeinem merkwürdigen Grund akzeptieren wir es eher, daß Tiere unsere Gedanken lesen können, als umgekehrt. Es ist überhaupt nicht unüblich, daß ein Tierliebhaber erzählt, daß sein Hund schon sehr früh weiß, daß er einen Spaziergang in den Wald plant oder daß er einige Tage die Stadt verlassen wird. Wir bewundern diese Fähigkeiten, aber halten sie doch für möglich. Ohne unseren eigenen Widerspruch zu merken, wollen wir allerdings den Tieren nicht das Rüstzeug zugestehen, mit dem sie solche Dinge vollbringen.

Jedenfalls verhält sich Fred Kimball seit vielen Jahren so, als ob Tiere denken könnten, und auf Grund dieser Annahme konnte er manch lebendiges Gespräch mit bepelzten und gefiederten Partnern in vielen Teilen der Welt führen. Er stellt sich auf die Gedanken der Tiere ein, läßt sie wissen, daß er sich mit ihnen unterhalten möchte, und wenn sie wollen (nicht immer wollen sie), erzählen sie ihm aus ihrem Leben, was sie mögen und was nicht, über die Menschen und die anderen Tiere in ihrem Leben. Manchmal beklagen sie sich bei Kimball oder bitten ihn um etwas.

Ein Pferd wurde behandelt, weil es auf den Hinterhufen lahmte. Sein Zustand verschlimmerte sich, obwohl sich mehrere ausgezeichnete Tierärzte um das Tier bemühten. Völlig verzweifelt baten die Eigentümer Kimball, er sollte das Pferd fragen, was denn nun mit ihm nicht stimme.

»Ich stieß in meinem Stall gegen ein ungehobeltes Brett, dabei stieß ich mir einen Splitter in mein Rückgrat«, antwortete das Pferd. Diese Information wurde einem Tierarzt weitergegeben, und eine kurze Untersuchung bestätigte den Sachverhalt. Der Splitter wurde entfernt, und das Pferd wurde wieder gesund. Man könnte sagen, Kimball konsultierte die Haustiere. Viele Leute sprechen mit ihren Tieren, aber Kimball hört ihnen zu, wenn sie antworten. Er ist im ganzen Land bekannt, tritt im Fernsehen auf und spricht im Rundfunk. Von vielen Zeitungen wurde er interviewt, und er hält in diesem und in anderen Ländern Vorträge. Er wird von Tierbesitzern und von Trainern zu Rate gezogen. Er berät sich mit Tierärzten über schwierige Tierpatienten. Er besitzt zwei Häuser in Kalifornien, eins in Gardena und ein Ferienhaus in Idyllwild.

Was ist denn nun eigentlich an Fred Kimball so merkwürdig? Hat er etwa die meiste Zeit seines Lebens in einem Käfig oder einem Baumhaus verbracht, um dort zu heulen oder zu zwitschern. Keineswegs, er brauchte nicht in der Wildnis mit Tieren zusammen zu leben, er bemühte sich auch nicht, ihre Laute nachzuahmen. Er kommuniziert mit den Tieren über eine Art Bewußtseinsbilder; ein Austausch über eine sprachliche Ebene ist dabei nicht notwendig.

In vielerlei Hinsicht ist Kimball ein Mensch von dieser Welt, er hat ein bewegtes Leben hinter sich. Er war Berufsboxer, Ringkämpfer, Meisterschwimmer, Schießausbilder in der Armee, Anwalt, Trainer im Marinekorps, Judoexperte, Stahlarbeiter und Hypnotiseur. Er ist ein großer, energischer Mann, der eher nach fünfzig als nach seinen siebzig Jahren aussieht. Seit mehr als fünfzig Jahren hat er Seelenkräfte untersucht, er berät auch weiterhin und hält Vorträge. Mit am meisten hat Kimball wohl in der Zeit gelernt, in der er in der Handelsmarine die Weltmeere befuhr. Auf seinen Reisen konnte er viele Kulturen studieren, auch die orientalischen Methoden, Körper und Geist zu kontrollieren. Merkwürdigerweise war Kimball als Kind in keiner Weise psychisch belastet oder begabt. Er war ein Bauernjunge in Massachusetts, und zu seinen Pflichten gehörte es, die Kühe zu melken. »Nichts ist schlimmer«, erzählt er, »als wenn dir eine Kuh mit ihrem Schwanz durchs Gesicht fährt und es ist erst acht Uhr morgens. Ich haßte deshalb die Kühe.« Mit neun Jahren begann er sich für Hypnose zu interessieren. Eine Zeitlang trat er auf Festen als Hypnotiseur auf. Als er neununddreißig Jahre alt war, gab er die Hypnose auf. Aber er hielt sie doch immer noch für wichtig, um seine eigenen psychischen Kräfte zu entwickeln.

Er war schon über vierzig Jahre alt, als er zum erstenmal verstand, was Tiere sagten. Er stand allein auf dem Deck eines Tankers und beobachtete den Flug eines Seetölpels, der über den Bug des Schiffes hinweg glitt. Der anmutige Vogel schwang sich hoch, dann verlangsamte er seinen Flug und segelte nach Steuerbord. Als der Vogel dem Seemann näher kam, rief der Tölpel: »Hi, Fred!«

»Als das passierte, dachte ich zuerst, ich wäre wohl schon etwas zu lange auf See gewesen«, sagte er mit einem spitzen Lächeln. »Zuerst war ich sicher, jemand hätte meinen Namen gerufen. Ich sah umher, aber niemand war da. Der Gruß wurde wiederholt. Es schien mich wirklich jemand zu rufen. Wieder sah ich mich um, aber ich war allein, und als der anmutige Vogel über mich hinflog, begann ich zu merken, daß mich die Gedanken des Seetölpels erreicht hatten.«

Eine Zeitlang arbeitete Kimball mit Dr. Nandor Fodor zusammen, einem der angesehensten Psychiater New Yorks und einem schon frühen Erforscher außersinnlicher Wahrnehmungen. In dieser Zeit erlebte er seine erste Kommunikation mit einem Tier, das zweigleisig lief. Zwischen den Sitzungen Dr. Fodors verbrachte er eine Menge Zeit damit, die Tiere des Central-Park-Zoos zu beobachten. Er studierte ihre Gewohnheiten und Bewegungen. Eines Tages beobachtete er einen Löwen. Das Tier durchschritt seinen Käfig in einer sehr aufreizenden Weise. Kimball fühlte, daß da irgend etwas nicht stimmte. »Ich versuchte mich auf seine Gedanken einzustellen und fragte mich, was er wohl denke.«

»Sex!« antwortete der Löwe.

»Ich ging zum Tierpfleger und fragte den Mann, warum der Löwe denn so intensiv mit Sex beschäftigt sei. ›Das sollte er auch‹, antwortete der Tierpfleger, ›die Löwin im Käfig nebenan ist heiß.‹«

Die Verständigung mit Tieren ist nicht einfach. Denn Kimball zufolge verfügen sie nur über ein sehr begrenztes Vokabular. Sie verständigen sich in Bildern. Sie senden ein Bild, das Kimball dann in seinem Bewußtsein wahrnimmt und interpretiert. Dieser moderne Dr. Doolittle formuliert seine Fragen sehr einfach und stellt sich gleichzeitig ein Bild vor von dem, was er sagt. Das Tier sendet ein Bewußtseinsbild zurück, und Kimball empfängt es. Dann gibt er die Information an die Tierbesitzer, Trainer oder sonstige Interessierte weiter. Manchmal hat er auch den deutlichen Eindruck von Worten. »Wenn Sie einen furchtbaren Autounfall sehen, überall Blut und Tote, dann könnten Sie auch sagen: ›Das ist furchtbar‹ oder ›Wie schrecklich‹. Ich erhalte also einen genauen emotionalen Eindruck, der leicht in einfache Worte übersetzt werden kann.« Kimballs Bewußtsein paßte sich so den Tieren an, daß ein anwesender Psychologe über das Bewußtsein Kimballs das Tier hören konnte: »Für eine Minute war ich ganz verwirrt. Ich dachte, der Hund spricht«, berichtete der Psychologe.

Kürzlich rief eine Frau Kimball an und bat ihn, ihren Haushund zu »lesen«. Er hätte plötzlich angefangen, den Teppich zu beschmutzen. Der Hund erzählte Kimball, daß die Frau sich gerade hätte scheiden lassen. Dewr Hund liebte aber den Mann und fühlte, daß die Frau an der Scheidung schuld sei. Fred hörte von dem Hund: »Sie schmiß ihn raus, und ich schmeiße auch raus, auf den Teppich.« Der Hund erklärte weiter, daß er die Frau hasse und nicht länger bei ihr bleiben wolle.

Kimball fragte die Frau, ob sie sich kürzlich hätte scheiden lassen. Sie war etwas verwundert und bejahte die Frage. Er übermittelte die Botschaft des Hundes und empfahl, dem Tier ein anderes Heim zu besorgen, da es sein Verhalten nicht ändern wolle.

Eines Tages interviewte er die Affen von Mae West. Einer erzählte von einem Besucher, der ihr Spiel beobachtet hatte. Der Affe schloß fröhlich: »Ich spritzte Wasser auf ihn.« Der Seelenforscher nahm an, der Affe hätte einen Wasserschlauch auf den Besucher gerichtet. Aber Miss West erklärte, der Affe hätte mit seinem Schwanz einen Wassereimer in den Käfig gezogen und dann den ganzen Eimer in das Gesicht des verärgerten Besuchers geworfen.

»Sie sehen«, erläuterte Kimball, »der Affe hatte kein Wort für ›Eimer‹ oder keine Idee ›Eimer‹; deshalb drückte er es so aus, er hätte Wasser auf den Kerl gespritzt.«

Kimballs paranormale Fähigkeiten beschränken sich nicht auf Tiere; er verbringt einen großen Teil seiner Zeit damit, Menschen zu beraten oder zu »lesen«. Wie andere Hellseher nimmt er die Aura wahr, die den Körper umgibt und durchdringt, er kann wesentliche Teile der Vergangenheit, Gegenwart und Zukunft eines Menschen erfassen; wenn er das Foto oder den Brief eines Menschen betrachtet, liest er darin sehr persönliche Details; er kann dann ein genaues Diagramm der physischen und geistigen Probleme aufzeichnen und therapeutische Vorschläge machen.

Die Schriftstellerin Dr. Gina Cerminara erzählt in ihrem Buch »Many Lives, Many Loves« von einem Abend, an dem sie Kimball zusammen mit sechzehn anderen Leuten eingeladen hatte. Sie hatte Kimball niemals zuvor gesehen. Er kannte auch keinen der Gäste. Mehrere von ihnen hatten ihre Tiere mitgebracht, damit er sie »lese«. Bis dahin sollten die Tiere in den Autos bleiben.

Zuerst versuchte er mit einem deutschen Schäferhund (ein Eskimohund war wohl auch an der Mischung beteiligt) zu sprechen. Der Hund hieß Jack. Wegen der vielen Leute war Jack zu aufgeregt, er wollte sich nicht hinlegen, und das einzige, was Kimball aus dem Hund herausbrachte, war, daß das Tier glaubte, in sechs Monaten zu sterben. Diese Vorhersage wurde später von den Besitzern bestätigt, sie traf ein. Duchess, auch ein deutscher Schäferhund, erzählte dem Seelenforscher, daß sie gern in dem weißen Wagen der Familie fahre, dabei würde sie ihre Nase auf der linken Seite des Vordersitzes aus dem Fenster strekken und ihren Kopf auf den Nacken des Fahrers legen. Sie mochte den Ehemann sehr gern, aber die Kinder hielt sie für eine Plage. Alle diese Einzelheiten wurden von den Besitzern bestätigt.

Ein kleiner Bastard erzählte von sich, über sein Heim, von seiner Umgebung. Er schlafe gern auf einer Ledercouch neben dem Badezimmer. Allerdings würde ein kleines Mädchen, das dort lebt, immer nach dem Aufstehen ins Badezimmer gehen, sie würde sich dann in die Wanne setzen und ihr Herz ausweinen. Der Hund sagte, er verlöre jede Freude an der Couch, wenn er das hörte. Sehr erstaunt bestätigten die Besitzer des Hundes alle diese Informationen.

Auf dieser Sitzung in Dr. Cerminaras Haus erzählte dann noch ein französischer Pudel, er fühle sich sehr vernachlässigt und ungeliebt; eine Katze teilte mit, daß sie fast alles von der »Theosophical Society Lodge« mitbekäme, die nebenan tagte. Offensichtlich war dieser Abend sehr erfolgreich gewesen. Die Psychologin schreibt über Kimball in ihrem Buch:

»Zunächst einmal ist er sehr bedeutsam, weil er neue Stufen des Hellsehens erreicht hat. Sicherlich hatte Hellsehen schon immer verschiedene Interessen verfolgt, und sicher haben auch andere begabte Menschen in das Bewußtsein und den Körper von Tieren sehen können. Aber selten, wenn überhaupt, hat man davon gehört; und selten, wenn überhaupt, wurden dabei als Beweis solche Details offengelegt, deren Wahrheitsgehalt überprüft werden konnte.

Kimballs Arbeit verdient deshalb genaue Beachtung. Was er macht, sollte auch anderen Sensitiven für ihre Erfahrung empfohlen werden. »Aber zunächst hat mich Kimballs Arbeit deshalb interessiert, weil sie wichtige Einblicke in die Innenwelt der Tiere erlaubt. Jeder Katzen- oder Hundefreund wird es wichtig finden, darüber etwas zu erfahren, was unsere vierbeinigen Freunde nicht in Worten ausdrücken können. Aber jenseits dieser unmittelbaren und persönlichen Befriedigung gibt es noch eine weitere und tiefere Bedeutung. Kimballs Fähigkeit zeigt uns eindringlich, daß überall, wo Leben ist, auch Geist und Bewußtsein zu finden sind; daß Tiere über ein sensibles psychisches Wahrnehmungsvermögen verfügen, das unserem ähnelt; und daß hinter den wachsamen lebhaften Augen eine akute Fähigkeit zu beurteilen und abzuschätzen liegt, von der wir gewöhnlich nichts wissen, weil sie sich nicht in menschlicher Sprache äußert.«

Vor einigen Jahren machte Kimball in Silver City (Neu-Mexiko) in der dortigen St.-John-Mine eine interessante Erfahrung. Er wartete auf einen Freund, der in der Mine arbeitete, und setzte sich auf eine Kabelrolle. Er bemerkte bald einen großen hellen Hund, der zu ihm hinsah und um seinen Kopf eine rote Aura zeigte. Der Seelenforscher interpretierte das als Zeichen für irgendein Kopfleiden. Er streichelte den Hund und kommentierte: »Du mußt ein guter Kämpfer sein.« Der Hund erwiderte, er wäre es gewesen, dann drehte er sich um und verschwand in einem nahen Tunnel. Einige Sekunden später hörte Kimball ein kurzes Bellen, und er sah in seinem Bewußtsein das Bild eines Hundes, der kopfüber in einen Schacht stürzte, sein Kopf schlug gegen etwas auf dem Boden, dann lag er still.

Kimball holte schnell den Vorarbeiter der Mine. Sie fanden heraus, daß der Hund in einen neuen Abschnitt der Mine gelaufen und in einen 45 Fuß tiefen Schacht gefallen war. Der Vorarbeiter erklärte, daß der Hund blind sei (das erklärte die rote Aura) und sich auf seinen Geruchssinn verlassen habe. Weil dieser Abschnitt neu war, wußte der Hund nichts von dem offenen Schacht. Die Minenarbeiter konnten den bewußtlosen Hund aus dem Schacht ziehen und meinten, es wäre wohl besser, ihn zu erschießen. Kimball konnte mit dem Tier Kontakt aufzunehmen und fragte: »Bist du dabei, zu sterben?« Als Antwort kam zurück: »Nein, nur wenn ihr mich tötet.« Kimball erzählte den Arbeitern diese Botschaft, und sie entschieden sich dafür, ihn gesundzupflegen. Nach kurzer Zeit hatte er sich erholt.

Kimball hält den Schäferhund für den intelligentesten und furchtlosesten Hund. »Diese großen Tiere fühlen, daß nichts sie töten kann, und sie haben vor nichts Angst. Sicherlich hat keine Tierart Intelligenz für sich gepachtet. Aber aus verschiedenen Gründen halte ich die Schäferhunde für intelligenter als andere Hunde. Die kleinen Hunde sind sehr unsicher und erzählen mir oft: »Ich setze immer mein Leben aufs Spiel, wenn ich rausgehe.« Kimball fühlt, daß diese Furcht viel mit der Nervosität dieser Hunde zu tun hat. Er bestimmt die wirkliche Intelligenz eines Tieres nach seiner Fähigkeit, Bewußtseinsbilder zu schaffen. Kimball stimmt nicht mit der üblichen Meinung überein, daß Hunde farbenblind seien. »Intelligente Hunde vermitteln sehr leicht Farben«, stellt er fest. »Tiere mit geringerer Intelligenz bemerken keine Farben.«

Katzen sind wählerischer und weniger kommunikativ als Hunde, meint Kimball. Eines der intelligentesten Tiere, mit dem er jemals gesprochen hatte, war eine vierzehn Jahre alte Ente, die Mrs. Quacker hieß. Die Ente beschrieb detailliert die Gesundheitsprobleme ihres Besitzers. Diese Diagnose wurde von der Frau des Mannes bestätigt. Kimball zufolge verfügen Hunde über kein breites Vokabular. So erzählte ihm eine Hündin einmal, daß sie gerne »stinkende Katzen« jage. Das war ihre Art, Stinktiere zu beschreiben.

Kimball erzählte: »Tiere spiegeln zum großen Teil das wider, was sie in den Menschen um sich herum sehen. Während einer Vorführung in Hollywood konnte ich einmal einen Hamster kaum verstehen. Ich fragte ihn, warum er so leise rede, und die kleine Kreatur sagte: ›Die alte Frau im Haus läßt niemanden laut sprechen. Sie mag keinen Lärm.‹ Ich fand heraus, daß die erwähnte Frau die Großmutter der Familie war. Sie saß unter den Zuschauern und war ein wenig entsetzt, daß der Hamster den Mut hatte, es mit ihr aufzunehmen, aber sie bestätigte alles.«

Ein sieben Jahre alter Cockerspaniel (»Gypsie») erzählte Kimball, daß er in einem neuen dunkelgrünen Wagen zur Sitzung gekommen sei. Er beschrieb sein Haus und zählte die Mitglieder der Familie mit Namen auf. Er irrte allerdings, als er dabei auch eine der Freundinnen des Sohnes beschrieb. Gypsie dachte, sie lebte in dem Haus, weil das Mädchen sehr oft die Tür des Kühlschranks öffnete. Gypsie erzählte dem Seelenforscher auch, daß sein Bein gebrochen und mit Dauerklammern geflickt worden war. Kimball fand das sehr interessant, weil der Hund nicht einmal hinkte.

Einmal lockte Kimball ein Erdhörnchen aus seinem Loch im Harmony Park, um es zu füttern. Aber als ein merkwürdiger junger Mann zu nahe kam, entschuldigte sich das Tier: »Ich traue diesem Burschen nicht«, und verschwand im Loch.

Schlangen, Leoparden, Adler, Schweine, Eidechsen und Tiger haben diesem Mann ihre Vibrationen gesendet, der sie verstand. Er konnte sich einmal sogar auf eine Kanne Erdwürmer konzentrieren. »Sie sagten, sie wären von der rechten Seite des Hauses gekommen und daß sie zu fünft in der Kanne wären. Ich zählte nach, und es stimmte.«

Auf einer Fahrt in die Berge stieß er auf einen aufgestellten Tierkopf. Er hatte den Eindruck, daß das Tier ihm zulächelte, und konzentrierte sich auf den Kopf. »Zuerst war ich traurig, daß dies arme Tier geschossen worden war, aber dann nahm ich das Bild einer Wandergruppe wahr, die sich im Hochland verirrt hatte. Als ich mit dem Tier Kontakt aufgenommen hatte, erfuhr ich, daß es geschossen worden war, um einer Gruppe halbverhungerter Menschen in einem alten Minentunnel in den Colorado-Bergen als Nahrung zu dienen. Das Tier deutete an, es sei nicht betrübt darüber, wie es sein Leben gegeben hätte.«

Nachdem Kimball mit den Pferden vor einem Rennen gesprochen hatte, kannte er bereits vierzehn von den späteren siebzehn Gewinnern. Ein Glück für die Rennen, daß Kimball seine unüblichen Talente nicht ausnützt.

Kimball zieht es vor, mit Tieren in persönlichen Kontakt zu kommen. Genauso wie mit Menschen kann er aber auch mit Tieren telepathisch kommunizieren. Diese Begabung gebraucht er, wenn Menschen ihn aus großer Entfernung anrufen und ihn bitten, ihre Tiere zu »lesen«. Meist geht es dabei um Gesundheitsprobleme oder darum, daß ein Tier verlorengegangen ist. In diesem Fall versucht er sich auf das Tier einzustellen und, wenn er Kontakt bekommt, fragt er das verlorengegangene Tier, was es von seiner Umgebung beschreiben kann. Über diese Methode gelingt es ihm manchmal, den Ort so genau zu beschreiben, daß das Tier gefunden wird.

In einem Gespräch über Fred Kimball meinte ein Freund: »Es scheint sehr erstaunlich zu sein, aber er ist nicht der einzige, der mit Tieren spricht.«

»Ich weiß«, antwortete ich, »bis zu einem gewissen Grad machen wir das alle, nehme ich an, allerdings meist unbewußt. Und ich bin sicher, daß es viele Leute gibt, von denen wir noch nie etwas gehört haben, die aber mit allen Lebensformen kommunizieren können. Castaneda erfuhr dies in seiner Freundschaft mit Don Juan, und dann die Schamanen, die Yogis, ganz zu schweigen von den Indianern, die vermutlich ihr eigenes Bewußtsein auf jedes andere Bewußtsein im Universum einstellen können, sei es nun ein Insekt oder ein Elefant.«

»Ja«, antwortete mein Freund, »aber ich meine, daß es noch eine sehr bekannte Persönlichkeit gibt, die fast das gleiche wie Kimball kann. Es ist eine Frau, und sie ist mehrmals in der ›Mike Douglas Show‹ aufgetreten.«

Er kannte ihren Namen nicht, aber ich nahm an, Kimball wüßte ihn. Und er kannte sie: »Sicher, das ist Beatrice Lydecker, eine gute Freundin von mir. Sie sollten sie wirklich besuchen. Sie kommuniziert wirklich sehr gut mit Tieren.« Jetzt, wo ich dies schreibe, steht mein Besuch bei Miss Lydecker noch bevor. Sie ist als Beraterin sehr gefragt und hält viele Vorträge. Und bei dem Versuch, uns zu treffen, glichen wir mehr zwei Schiffen, die in der Nacht aneinander vorbeifahren. Aber ich habe mit ihr telefoniert, und sie war so freundlich, mir eine Menge Material über sich zu schicken: ihre Herkunft, Zeitungsausschnitte, Briefe, Gesprächsnotizen usw. Als ich das alles gelesen hatte, wollte ich sie unbedingt treffen, – und Sady, unserem Basset, ging es ähnlich: Es holte eine der Heftklammern und gab sie mir nur widerwillig zurück.

Als Kind träumte Miss Lydecker noch nicht davon, eines Tages Tiersprachen zu übersetzen. Zunächst wollte sie verwaiste Kinder missionieren, und sie besuchte eine Predigerschule. Vor sieben Jahren, als sie in Duarte (Kalifornien) lebte, wurde ihre Aufmerksamkeit eines Tages auf einen großen Schäferhund gelenkt, der im Garten angebunden war. Sie fühlte, daß das Tier mit ihr kommunizieren wollte. Sie ging zu dem Hund und wußte plötzlich, was er dachte und fühlte. Er erzählte, er wäre traurig, weil er so viel Zeit allein gelassen würde. Sie suchte den Besitzer auf und erfuhr, daß er vor einigen Monaten einen Unfall gehabt hatte. Damals hätte er den Hund zur Gesellschaft gekauft. Aber inzwischen wäre er wieder so weit gesund geworden, daß er zur Arbeit gehen könnte. Deshalb wäre das Tier tagsüber allein.

Auch weiterhin kamen Tierbotschaften zu ihr. Sie kamen völlig unerwartet, und das beunruhigte sie. Sie erzählte ihre Befürchtungen der Gebetsgruppe ihrer Sekte. Man meinte, es wäre ein Geschenk Gottes, und ermutigte sie, diesem Geschenk zu folgen, wohin es sie auch führe. Es führte sie nach einiger Zeit zu einem Dobermann, der als Wachhund auf einem Gebrauchtwagenplatz lebte. In der Nachbarschaft wurde er als bösartiges Tier gefürchtet. Öfters kam sie an dem Platz vorbei, und jedesmal hörte sie deutlich, wie jemand ihren Namen rief. Es hörte sich für sie wie ein Hilferuf an. Sie blickte um sich, nur der Hund war zu sehen. Endlich schloß sie daraus, daß sie der Dobermann rief. Sie ging zu ihm, und er ließ sich von ihr streicheln; die Leute, die vorübergingen, werden sich gewundert haben; denn selbst, als sie Kopf und Rücken des Tieres streichelte, knurrte der Hund, als er Leute auf der anderen Seite des Zauns sah.

Der Hund sagte, seine Einsamkeit ließe ihn nach ihr rufen. Er wäre ganz verzweifelt, weil er Zuwendung brauchte und verabscheute selber sein eigenes Bild eines gefährlichen Hundes. Alles käme nur daher, weil er den Menschen fremd geworden sei.

Sie vertraute sich einigen Freunden an, die wiederum einigen Freunden von ihren Fähigkeiten erzählten, und die junge Frau fand sich bald dabei wieder, wie sie alle Arten von Tieren konsultierte. Sie ging auf die Schule zurück, um Anatomie, Chemie, Zoologie und Psychologie zu studieren. Seitdem hat sie mit vielen Mitgliedern des Tierreiches kommuniziert, von Eidechsen bis zu Leoparden. Ihre Erfahrungen ebneten ihr den Weg, einen bedeutsamen Beitrag für die Menschen zu leisten. Sie kommuniziert jetzt mit nicht-verbalen Menschen, schwer zurückgebliebene, autistische Kinder, Opfer von Schlaganfällen, an cerebraler Paralyse leidende Patienten. Den letzten Sommer verbrachte sie an dem California-Institut für Autistische und Zurückgebliebene.

Die Seelenforscherin rief ein zweijähriges Kind zurück, das vorher niemals die Existenz irgendeines Lebewesens bemerkt hatte. Es war völlig von der Außenwelt abgeschnitten und hatte auf nichts geantwortet, was man auch für es unternahm. Aber sie konnte mit ihm kommunizieren. Sie fand heraus, daß dieses Kind an schweren emotionalen und physischen Traumata litt, die aus seiner Geburt stammten. Es wünschte sich in die Sicherheit und den Schutz des Mutterleibes zurück. Nur Wiegen mochte es.

Miss Lydecker entdeckte (und das wurde später von den Ärzten bestätigt), daß das Kind von einem 13jährigen Mädchen geboren worden war, das das Baby nicht wollte und die eine schwierige Entbindung durchstehen mußte. Das Pflegepersonal begann das Baby hin und her zu wiegen und noch bevor Miss Lydecker das Institut verließ, kroch das Kind auf eine Person zu, die gekommen war, um es zu wiegen. Das wurde als ein entscheidender Durchbruch angesehen.

»Im Grunde kommuniziert alles Lebendige auf dieselbe Weise«, erzählte sie mir, »es ist eine subjektive Kommunikation. Als Kinder gebrauchten wir alle diese Fähigkeit, aber als wir aufwuchsen und begannen, die Sprache zu gebrauchen, verloren wir diese Fähigkeit. Subjektive Kommunikation erlaubt einem zu sagen, was man wirklich fühlt.« Diese Art der Kommunikation beschreibt Miss Lydecker als eine Art Traum: »Nur ist der Mensch dabei hellwach. Es kommen geistige Bilder, in denen man sieht, hört, fühlt und Leben erfährt.«

Sie stellt fest: »Jedes Tier kann Ihren Geist lesen. Die Gedanken sind Bilder, und die sehen die Tiere; deshalb wird bei einem Menschen, der denkt, daß er vielleicht von einem Hund gebissen wird, dieses geistige Bild wahrscheinlich auch Realität werden. Tiere sehen auch diese Bilder bei ihren Besitzern, selbst wenn diese Besitzer sich nicht direkt auf die Tiere beziehen.« Sie erzählte von einem Schäferhund, der die Gewohnheit angenommen hatte, Stoff zu zerreißen. Der

Herr des Schäferhundes war gestorben, und die Seelenforscherin lernte, daß der Hund versuchte, die Trauer seiner Herrin zu teilen.

Es scheint, daß Entfernungen bei der Kommunikation zwischen Menschen und ihren Tieren kaum eine Rolle spielen. Miss Lydecker behauptet, daß Tiere auch dann Bilder von ihren Eigentümern empfangen, wenn sie Tausende Meilen entfernt sind. Sie wissen zum Beispiel, wann ihre Eigentümer in Gefahr sind oder gerade aufbrechen, um zu ihnen zurückzukommen. Tierbesitzer, die ihre Tiere während einer Reise in einer Hundehütte lassen und sich die ganze Zeit über Sorgen machen, sollten sich deshalb nicht wundern, wenn die Hunde bei ihrer Rückkehr krank sind und nichts gefressen haben.

Miss Lydecker, man könnte sie die reisende Tieranalytikerin nennen, durchfährt das Land in einem Möbelwagen, zusammen mit drei Schäferhunden – Princess, Lover Boy und Philea – einem Spitz – Blakkie – und zwei Katzen – Tigger und Snow Bunny –. Neben ihren vielen Terminen arbeitet sie an einer Doktorarbeit und an einem Buch: »What the Animals Tell Me«. Sie führt kurze Gespräche und erlebt oft auch einen tiefen Gedankenaustausch mit Tieren. Ihr 13 Jahre alter Spitz erzählte ihr, daß er von seiner früheren Eigentümerin in Las Vegas verloren wurde, sie hieß Julie oder Judy, der Hund weiß es nicht mehr genau. Aber es war richtig, ihn mitzunehmen, denn er war mit der vorigen Besitzerin noch nicht lange genug zusammen, um wirklich davon betroffen zu werden.

Wie die Menschen haben auch die Tiere nicht immer Lust zu reden. Princess, ihr Schäferhund, starrte eines Tages sehnsüchtig aus dem Fenster. Sie nahm an, daß in dem Hund etwas Wichtiges vor sich ging und stellte sich auf ihn ein. Aber nach ein paar Sekunden sah Princess sie an und meinte entschieden, sie solle sich um ihre eigenen Angelegenheiten kümmern. Trigger, Jr., Roy Rogers Pferd, sah sie nur kurz an und drehte sich dann um.

Aber die Kälber eines Rodeos erzählten ihr, sie hätten Spaß an dem rauhen und lustigen Rodeoleben. Sie könnten aber den Typ mit dem »heißen Stock« nicht ausstehen, mit dem die Kälber in die Arena getrieben werden. Die bockenden Rodeopferde meinten, sie würden sich bei einem anderen Leben nur langweilen. Dagegen war Secretariat, das berühmte Rennpferd der letzten Jahre, mit seinem Schicksal gar nicht zufrieden. Es erzählte Miss Lydecker, es vermisse die Gesellschaft anderer Tiere in seinem früheren Stall, wegen der anstrengenden Rennen wäre es allein und die Freude am einfachen Umherrennen hätte es schon verloren. Es wäre langweilig, auf der Weide herumzuliegen und als Zuchthengst gebraucht zu werden. Miss Lydecker meinte, Tiere machten sich emotional nicht viel aus Sex; für sie wäre es eine rein physische Angelegenheit.

Die meisten Haustiere seien überfüttert, hätten zu wenig Auslauf, würden zu sehr verwöhnt und langweilten sich oft. »Die Besitzer sind sehr dumm. Ich habe Tierbesitzer beraten und herausgefunden, daß die Tiere ihre Besitzer nicht ausstehen konnten. In solchen Fällen versuche ich, dem Besitzer vorsichtig klarzumachen, daß die Tiere vielleicht ein neues Zuhause bräuchten. Ich erinnere mich an eine Sitzung, auf der die Besitzerin antwortete: ›Aber das Tier ist seit drei Jahren bei mir. Das arme Ding würde sich in einem anderen Heim gar nicht wohl fühlen.‹ Und die ganze Zeit hörte ich den Hund: ›Nimm mich von diesen Leuten weg.‹«

Sie half vielen Besitzern, ihre verlorenen Tiere wiederzufinden. Sie fand sogar Tiere, die weit entfernt von ihrem Heim waren. Sie stellt sich auf die Tiere ein und hört zu, wie das Tier seine Umgebung beschrieb! Häuser, Autos, manchmal Namen. In einer dicken Mappe ist diese Arbeit gesammelt und dokumentiert. Sie ist voller Briefe von Tierbesitzern, die ihr danken. Oft beginnen die Briefe mit Worten wie: »Ich verstehe immer noch nicht, wie Sie das schafften, aber . . .«

Wie sollen wir die Tiergespräche von Fred Kimball und Beatrice Lydecker verstehen? Sind sie wirklich so seltsam, oder haben wir vergessen, wie man mit dem Leben kommuniziert und meinen inzwischen, daß Sprache der einzige Weg sei? Wenn unser Modell eines universalen Bewußtseins tragfähig ist, dann haben in diesem Bewußtsein alle großen und kleinen Dinge ihren Platz; alle Lebensform sind Lungen, durch die das Ewige atmet.

3 Missie, der hellsichtige Terrier

Genaue Vorhersagen von Naturkatastrophen, politischen Strömungen, Mondlandungen, anderen Ereignissen in der Welt und sogar das genaue Datum von Geburt und Tod – alles das leistete eine Hellseherin aus Denver. Die Londoner »Daily Mail« nannte sie, im Vergleich mit anderen Propheten der letzten Jahre, eine der besten. Das ist kein geringer Erfolg für eine Hellseherin, aber wir stutzen wohl alle, als wir hören, daß diese außergewöhnliche Seherin ein Hund war. Die Geschichte von Missie, dem Boston-Terrier, ist merkwürdig, nicht leicht zu verstehen, und man wird sie nie vergessen können

Zunächst müssen wir uns mit Missie beschäftigen; wie auch immer wir ihre Begabungen erklären wollen, so kann sie dabei doch nicht übersehen werden. Ihr Fall ist zu gut dokumentiert, zu oft bezeugt und aufgezeichnet worden: Sie kann nicht als die Geschichte irgendwelcher lügender Reporter abgetan werden. Ihr Verhalten paßt nicht in unsere Vorstellung von dem, was ein Hund kann oder nicht kann. Deshalb ist es auch so schwierig, ihre höchst unüblichen Aktivitäten zu analysieren. Allgemein wird akzeptiert, daß Tiere psychische Wahrnehmungsmöglichkeiten haben, die der Mensch nicht mehr besitzt. Daß Hunde die Schwingungen des Lebens so erfassen, daß sie auf der Suche nach einer verlorenen Familie einen ganzen Kontinent durchqueren, daß sie sogar auf telepathischem Wege mit ihren Besitzern Kontakt aufnehmen. Mit wo etwas können wir uns auseinandersetzen und schließlich, mit mildem Befremden, unsere Vorstellung ein wenig zurechtrücken und doch beibehalten. Aber eine vierbeinige Kreatur, die in die Zukunft blicken kann, die über so große außersinnliche Kräfte verfügt, daß sie ein ganzes Kartenspiel im Kopf behalten kann, ohne auch nur einen Fehler zu machen, da gerät unser Atem doch etwas ins Stocken.

Da Grayson Bolen, der Herausgeber von »Psychic« wußte, daß ich gerade ein Buch über Tiere schrieb, schickte er mir eine frühere Nummer seines Magazins (September/Oktober 1973). Darin fand ich einen Artikel von Gina Cerminara über »Missie, der Psycho-Hund aus Denver«. Ich kannte Dr. Cerminaras Buch und begann den Artikel sehr interessiert zu lesen. Nach ein paar Abschnitten war ich wie vor den Kopf geschlagen. Ich machte mir noch etwas Kaffee. Am Ende des Artikels war ich noch mehr verwirrt; es war schwierig, mir noch klare Vorstellungen zu machen. Ich beschloß, den Artikel zu überschlafen. Am nächsten Tag las ich den Artikel noch einmal und versuchte, ihn in meinem Kopf zusammenzufassen. Sicher würden weder das »Psychic«-Magazin noch Dr. Cerminara dem Leser etwas mitteilen, was nicht stimmte und was sie nicht verstanden hätten. Entweder hatten sie also noch nicht alle Tatsachen zusammengetragen und es gab noch eine andere Erklärung als Hellsehen für Missies Talente, oder der Hund zwang uns geradezu eine Offenbarung von Intelligenz und Wissen, sogar ein anderes Verständnis des Lebens selbst auf. In jener Nacht rief ich die Besitzerin des Hundes an.

Miss Mildred Probert war sehr charmant, und wir sprachen einige Zeit miteinander. Sie war sehr nett, intelligent, gut informiert und stand mit beiden Beinen auf der Erde. Vielleicht dachte ich, sie müßte irgendwie anders sein. Sie diskutierte über ihren Hund und seine Fähigkeiten völlig rational und blieb bei den Tatsachen. Ich war beeindruckt und überzeugt, daß, was Missie auch war, ihre Besitzerin nicht vielleicht doch etwas verrückt sein konnte.

Es folgten noch mehr Telefongespräche, und wir schrieben uns mehrere Briefe. Zu Beginn des Frühjahrs 1976 besuchten meine Frau, Jeann und ich Miss Probert in ihrem Heim in Denver: ein altes Haus in viktorianischem Stil, vollgestopft mit Antiquitäten, von denen ihr Großvater viele aus seinem Schloß in Dänemark herübergebracht hatte. An der Tür wurden wir von einem Boston-Terrier begrüßt – nicht von Missie, sie war schon seit mehreren Jahren tot. Dieser Hund hieß Sissie, er war ein Cousin von Missie. Miss Probert klärte uns schnell auf, daß Sissie in keiner Weise begabt war wie Missie. Trotzdem war der Hund sehr nett und trotz allem einfühlsam genug, daß er unsere Liebe zu Hunden merkte.

Wir saßen auf dem großen Diwan, die Erinnerungen an Missie – Fotos, Kleider, Spielzeug und Sammelalben – lagen um uns herum und wir hörten verzaubert und verblüfft der Geschichte Missies zu. Miss Probert hat oft von ihrem berühmten Hund erzählt: Besuchern, für Zeitungen, im Radio und im Fernsehen. Aber sie versuchte dabei nicht im geringsten wichtige Einzelheiten fortzulassen. Sie wußte, daß sie mit dem Hund eine Gabe geschenkt bekommen hatte, die ihr Leben änderte und die für die Menschheit sehr wichtig sein kann. Unsere Gastgeberin schien uns in keiner Weise etwas vorzumachen. Sie war offen und höflich, und ihre große Liebe zu ihrem gestorbenen Hund war offensichtlich und bewegend. Sie schreibt über Missie gerade ein Buch. An diesem Abend brachen wir mit dem Gefühl auf, daß es ein wichtiges Buch sein wird.

Sogar die Umstände, in denen Missie zur Welt kam, waren ungewöhnlich. Mehrere Jahre war Miss Probert eine Blumenzeichnerin gewesen, dann leitete sie ein Geschäft für Haustiere, das ihr zum Teil auch gehörte. Ihr schlechter Gesundheitszustand zwang sie, diese Arbeit aufzugeben. Aber sie nahm Tiere auf, die besondere Pflege brauchten oder verpflegte sie, wenn ihre Besitzer nicht in der Stadt waren. Eines Tages bekam sie einen winzigen neu geborenen Boston Terrier zur Pflege. Er war zu klein, um bei dem übrigen Wurf gelassen zu werden. Seine Geburt war seltsam gewesen. Die Mutter hatte mit der Hilfe des Tierarztes drei Junge geboren, und alles ging gut, bis einige Stunden später, es war Mitternacht, sich die Mutterhündin in Schmerzen krümmte. Sie wurde ins Tierhospital gebracht und operiert: ganz in der Nähe des Brustkastens lokalisierte der Tierarzt ein kleines lebendiges Etwas. Zunächst dachte er, es sei eine Art Geschwür, aber dann merkte er, daß es ein Tierbaby war.

Missie kannte niemals ihre Mutter oder ihre Brüder und Schwestern. Zunächst kannte sie nur ihre menschliche Mutter und, das ist schon merkwürdig genug, kümmerte sich nie um andere Hunde, sondern bevorzugte die Gesellschaft von Menschen. Für einen Boston-Terrier war sie außergewöhnlich klein, und sie unterschied sich sehr von den anderen Hunden ihrer Rasse. Boston-Terrier haben dunkle, fast schwarze Augen, Missies Augen dagegen waren tiefblau. Einige Hundearten haben hellblaue Augen, aber völlig anders als Missie.

Missie war schon fast fünf Jahre alt, als ihre seelischen Begabungen entdeckt wurden. Eines Tages gingen Missie und Miss Probert, ihre Mutter, spazieren. Dabei trafen sie eine Bekannte mit ihrem kleinen Kind. Sie fragten das Kleine, wie alt es sei. Es antwortete nicht, und seine Mutter meinte, es sei wohl müde, aber es sei drei Jahre alt. Miss Probert beugte sich zu dem Kind hinunter und sagte ihm: »Drei. Sag mal drei«. Das Kind blieb still, aber plötzlich bellte Missie dreimal. Alle lachten und Miss Probert sagte: »O. K., Liebes, wie alt bist du denn?« Missie bellte viermal. Etwas mehr als erstaunt fragte Miss Probert: »Und wie alt wirst du nächste Woche sein?« Der Hund bellte fünfmal, und das war genau die richtige Antwort.

»Das war erst der Anfang«, erzählte uns Miss Probert, »ich habe sie wirklich in keiner Weise trainiert, denn sie wußte Dinge, von denen ich keine Ahnung hatte. Ich habe nur versucht, herauszufinden, was sie alles wußte. Es schien unendlich viel zu sein.« Sie testete Missie mit der Hilfe ihrer Finger. Sie fragte den Hund, wie viele Finger sie hoch hielte, und bald entdeckte sie, daß der Hund addieren konnte. Wenn der Hund etwas gefragt wurde: »Wenn ich vier Finger hochhalte und dann noch fünf dazu, wieviele Finger sind das dann?« – sofort kam die richtige Antwort.

Miss Probert weiß nicht, wie Missie rechnen lernte. »Sie entwickelte ihr System völlig allein. Wenn es um eine Reihe von Nummern ging, zum Beispiel eine Adresse oder Telefonnummern, dann bellte sie zunächst für die erste Nummer, machte eine Pause, bellte die zweite Nummer, machte wieder eine Pause usw. Für ›null‹ ließ sie einen merkwürdigen gedämpften Laut vernehmen.«

Missies unheimliche Beziehung zu Zahlen ließ sie nicht nur addieren oder subtrahieren, sie konnte auch die Zahl der Buchstaben in einem Namen nennen. Ihre außersinnlichen Fähigkeiten wurden entdeckt, als ein Mann, den weder Missie noch ihre Besitzerin kannten, den Hund nach seiner Adresse fragte. Ohne Zögern bellte sie die Nummern. Miss Probert fand heraus, daß sie Missie nach der Anzahl der Buchstaben in dem Vornamen einer Person fragen konnte, die sie selber nicht kannte. Missie bellte die richtige Nummer und ließ dann auch noch den Nachnamen folgen.

Einmal wurde Missie nach der Anzahl der Buchstaben im Vornamen einer Frau gefragt. Missie bellte viermal: Mary. »Wie viele Buchstaben sind in ›Merry‹ bei ›Merry Christmas‹?« Es wurde fünfmal gebellt. Oft wurde Missie nach der Anzahl von Buchstaben in Wörtern gefragt, und sie gab unfehlbar die genaue Antwort. Sie konnte das, ob Miss Probert nun im Zimmer war oder nicht, und dabei wurde sie in fünf Sprachen getestet. Es ist unbekannt, wie viele Sprachen sie verstand, denn sie ist nur in fünf verschiedenen gefragt worden.

Auf Partys konnte man sich darauf verlassen, daß Missie den Leuten erzählte, wie viele Münzen in ihre Portemonnaies waren. Meist wußten die Leute vorher selber nicht, um welche Zahl es sich dabei handelte. Dr. Cerminara erzählt in ihrem Artikel, wie Missie auf einer Party gebeten wurde, die Nummer einer hochgehaltenen Spielkarte zu nennen.« Er hielt die Karte so, daß der Hund und die anwesenden Menschen nur ihre Rückseite erblickten ... Das war das erstemal, daß Missie ein Kartenspiel sah, und trotzdem konnte sie ohne einen Fehler alle Karten des Spiels nennen. Da niemand im Raum die jeweilige Karte sah, bis Missie die Antwort bellte (dann wurde die Karte jedem gezeigt), scheint die Möglichkeit von Telepathie ausgeschlossen. Es handelt sich eindeutig um einen Fall von Hellsehen. Wenn die Reihe an einen Joker, eine Königin oder einen König kam, winselte der Hund; dann wurde er gefragt: ›Ist dies eine Bilderkarte?‹ Sie bellte dreimal und das hieß ›Ja‹. ›Ist es ein König? eine Königin? ein Joker?‹ Bei ›ja‹ bellte sie dann dreimal.«

Missie selbst fand eine Methode heraus, ja oder nein zu sagen. Einerseits bellte sie dreimal für ja oder zweimal für nein, dann bellte sie aber auch ein deutliches »uh-huh« für ja und ein deutliches »huh-uh« für nein. Für ja würde sie also zum Beispiel »uh-huh, woof, woof, woof« bellen. Sie bewegte aber auch ihren Kopf für ja auf und ab und schüttelte ihn für nein.

Sein ganzes Leben hatte der kleine Hund Probleme mit seiner Gesundheit.

Er litt sogar an epileptischen Anfällen. Trotzdem besaß er einen großen Lebenswillen. Er freute sich seines Lebens, und diese große Begeisterung für alles, was um ihn herum vorging, steckte alle Leute an. »Als sie einmal in eine Tierklinik mußte, um operiert zu werden, fragte ich den Arzt, auf welche Station er käme. Er sagte, er wüßte es nicht, aber Missie bellte fünfmal. Der Arzt meinte, der Hund käme wohl nicht auf diese Station, aber Missie behielt doch recht.

Sie konnte Ihnen die genauen Seriennummern von Dollarnoten sagen, den Tag, den Monat und das Jahr, an dem Menschen, Freunde und Fremde, geboren wurden. Ein Arzt, den wir kennenlernten, blieb gegenüber Missies Kräften sehr skeptisch; er war in keiner Weise überzeugt. Schließlich sagte ich ihm: ›Mein guter Doktor, es gibt eine Nummer, die weder Missie noch ich wissen, und das ist Ihre private Telefonnummer.‹ ›Oh‹, sagte er, ›ich gebe sie nie irgend jemanden.‹ ›Komm‹, meinte ich zu Missie, ›sag uns die Privatnummer des Doktors, aber wir wollen ihn nicht verärgern, deshalb sag uns nicht die letzte Zahl.‹ Als der Hund dann wirklich die Nummer wußte, lehnte er sich völlig verdutzt in seinen Sessel zurück. Bei einer anderen Gelegenheit fragte ich einen zweifelnden Zeitungsreporter: ›Was ist Ihre Versicherungsnummer?‹ ›Sie fällt mir nicht ein‹, meinte er. ›Was ist die Versicherungsnummer des Herrn, Missie?‹ Als Missie dann recht hatte, mußte der Reporter wohl an Missies Fähigkeiten glauben. Sie sehen, oft denken die Leute an einen Trick, und schließlich merkten sie, daß gar keiner da war. Dabei weiß auch ich nicht, wie der Hund das machte, und war über seine Begabung genauso erstaunt wie alle anderen.«

Seine erste Vorhersage machte der kleine Terrier am 19. Oktober 1964. Es war gerade vor den Wahlen, und jeder rätselte über den Ausgang des Präsidenten-»Rennens«. Mildred war mit Missie in ein Geschäft in der Nachbarschaft gegangen, in dem die Angestellten dem Hund immer gern Fragen stellten. Während des Gesprächs fragte Mildred den Besitzer des Ladens: »Wie viele Wochen sind es denn noch bis zu den Wahlen?« Aber bevor er antworten konnte, antwortete Missie mit dreimaligem Gebell, und das war genau die richtige Antwort. Mildred fragte weiter, inzwischen schon etwas sehr erstaunt: »Und wieviele Tage sind es noch bis zur Wahl, Missie?« Der Hund bellte neunzehnmal, richtig.

Der Besitzer bat Mildred jetzt: »Fragen Sie den Hund doch einmal, wer die Präsidentschaft gewinnt.« Mildred wandte ein: »Wie soll der Hund das wissen?« Mehrere Leute im Laden hatten sich schon um Mildred und ihren Hund versammelt, und sie bestanden auch darauf. Mildred fragte also Missie: »Wenn Mr. Johnson eins ist und Senator Goldwater zwei ist, wer wird dann die Wahl gewinnen?« Ein Bellen folgte. Mildred drehte die Frage jetzt um: »Wenn Barry Goldwater eins ist und Lyndon Johnson zwei, wer wird dann die Wahlen gewinnen?« Missie bellte zweimal. Jemand der Anwesenden telefonierte mit den »Rocky Mountain News«. Ein Reporter und ein Fotograf kamen, und am 8. November 1964 erschien ein Bild von Missie zusammen mit ihren Voraussagen in der Zeitung. Noch viele politische Vorhersagen folgten. Nur eine Frage wollte der Hund nicht beantworten: Ob Johnson sich ein zweites mal zur Wahl stellen würde. »Der Hund schob dann seine Schnauze vor und gab keine Antwort«, erzählte Mildred. Der Hund sagte voraus, daß Nixon Präsident würde und noch viele andere Wahlausgänge, auch wenn sie zunächst sehr unwahrscheinlich schienen.

Missie sagte die Anzahl der Fehlstarts von Gemini 12 voraus, die Zahl der Weltraumflüge, der Mondlandungen und wie oft Ufos auftauchten. Ende 1965 wurde sie von einer Radiostation in Denver interviewt, und nachdem sie die Anzahl der Buchstaben in »Happy New Year« richtig bestimmt hatte, wurde sie nach dem Ende des New Yorker Verkehrsstreiks gefragt. Sie bellte: 13. Januar. Und das war richtig, wie sich später herausstellte. In Denver war man damals über ein Erdbeben etwas beunruhigt. Missie wurde gefragt, ob es natürliche Ursachen hätte. Sie meinte, nein. Dann fragte man sie, wann denn die wirklichen Ursachen bekannt würden. Sie antwortete, es würde bis Ende Januar dauern. Während dieses Monats stellte sich dann auch heraus, daß die Armee große Mengen Giftgas in einem alten Schacht gelagert hatte, und die Explosion dieser Vorräte hielt man dann für das

Beben.

Missies Wissen um die Zukunft scheint so groß gewesen zu sein wie die Vorstellungswelt derer, die sie fragten. So sagte sie in ihrer unnachahmlichen Art den Fehlschlag des in Denver geplanten Kernkraftwerksbaus voraus, dann das Datum für den Beginn der Pariser Friedensgespräche und auch ihr Ende, weiter die Rückkehr der Colorado National Reserve aus Vietnam.

In einem offenen Brief Georg Robinsons an Mildred steht: »Als ich noch Moderator einer Radio-Talk-Show für KTLNN war, telefonierte ich mit Mildred Probert (das war der Tag, an dem meine Tochter geboren wurde). Miss Probert sagte mir, ihr ›psychic dog‹, ein Boston-Terrier, hätte mit ja geantwortet, als sie fragte, ob das Baby ein Mädchen sein werde.

Der Anruf lag vor der Geburt des Mädchens.

Sie nahm den Hund ans Telefon, damit er die genaue Uhrzeit und die Temperatur belle (die Temperatur habe ich dann nach der telefonischen Temperaturansage überprüft).

Missie wußte auch das Datum, als Miss Probert fragte: ›Welchen Monat, welches Datum, Jahr und welchen Wochentag haben wir? Und wie viele Buchstaben sind in meinem Namen?« Der Hund machte keine Fehler. Über mich brach geradezu ein Sturm von Anrufen herein, als ich bemerkte, daß dies das erste Mal war, daß ich zu einem Hund sprach und er mir antwortete. Damals hatte ich Missie noch sieben- oder achtmal über Telefon in meinem Programm. Sie sagte immer richtig den Ausgang von Football- oder Baseballspielen voraus.

Am Neujahrsabend 1966 gab der Hund mir genaue Voraussagen über Ereignisse, die in jeweils einem Monat des nächsten Jahres passieren sollten. Alles stellte sich als richtig heraus.«

Sehr oft sagte Missie das Geburtsdatum, das Geschlecht und das Gewicht eines noch ungeborenen Kindes voraus, sogar die Geburt einer Tochter der Königin von Griechenland. Dr. Cerminara berichtet noch eine andere Geschichte. Als Missie und Mildred einmal in ihrem Vorgarten saßen, blieb eine schwangere Frau stehen. Mildred erwähnte die Fähigkeit des Hundes, genaue Geburtsdaten vorher zu sagen. »Na gut«, erwiderte die Frau, »ich weiß, was ich zu erwarten habe. Ich habe schon während der Schwangerschaft zwei Babys verloren und am 6. Oktober werde ich operiert werden: Kaiserschnitt.«

»Wird diese Dame am 6. Oktober ihr Baby haben?« fragte Mildred. Der Hund antwortete mit nein. Die Frau wurde sehr unruhig, weil sie dachte, das hieße, ihr Baby würde auch wie schon die anderen Babys sterben. Mildred fragte sofort, ob das Baby leben werde. Missie bellte dreimal für ja.

»In welchem Monat wird das Baby geboren werden?«»Das weiß ich doch schon«, erwiderte die Frau, »im Oktober.« »Nein!« bellte Missie, dann folgte ein neunmaliges Bellen: September. Dann bellte sie zweimal, machte eine Pause, dann achtmal: der 28. »Ein Mädchen?« fragte Mildred. »Nein!« kam die Antwort. »Ein Junge?«, und Missie bellte dreimal.

Wieder hatte die Frau einen Einwand: »Der Arzt ist ganz sicher, daß es ein Mädchen sein wird.«

Aber Mildred fuhr fort, nach Einzelheiten zu fragen. »Zu welcher Zeit wird das Baby geboren werden?« Missie bellte neunmal. »Neun Uhr am Morgen?«

»Nein!« war die Antwort. »Abends?« Missie bellte ja. »Ich fürchte, das ist ganz unmöglich«, erklärte die schwangere Frau. »Nachts ist der Arzt gar nicht im Krankenhaus, und er hat die Operation für neun Uhr morgens angesetzt.«

»Wie schwer wird das Baby sein?« Siebenmal Bellen.

»Das bezweifle ich«, sagte die Frau. »Mein anderes Baby hat nur fünf Pfund gewogen.«

Dann ging sie und dankte dem Hund und der Frau für ihr Interesse. Sie fand es sehr erstaunlich, daß der Hund die Fragen verstanden hatte. Aber sie war sicher, daß der Hund in jeder Hinsicht unrecht hatte. Mildred bat nur um einen Anruf, wenn das Baby käme.

In der Nacht des 28. September erhielt Mildred einen aufgeregten Anruf von dem Ehemann der Frau: »Meiner Frau ging es an diesem Abend sehr schlecht, und sie mußte schnell ins Krankenhaus. Ihr Arzt war nicht in der Stadt, und ein anderer Arzt assistierte. Sie hat auf ganz natürliche Weise ein Baby geboren, genau um neun Uhr.«

»Wie schwer ist das Baby?« fragte Mildred.

»Sieben Pfund, und das Baby ist wohlauf.«

Wenn man schon die unglaubliche Tatsache akzeptiert, daß ein Hund hellsehen kann, bleibt doch noch die Frage, warum der Hund noch genauere Antworten als ein menschlicher Hellseher geben kann. Man kann nur darüber spekulieren, ob die universale Informationsquelle zu menschlichen und »Hunde«-Sehern gleichermaßen fließt, der menschliche Verstand sie aber in seiner eigenen Weise auffaßt und dabei Informationen zerstreut, während der Hund sie ungebrochen aufnimmt. Steckte dieses ungeheure Wissen um Vergangenheit, Gegenwart und Zukunft wirklich im Schädel des Hundes? Vielleicht nicht, aber irgendwie war das alles doch für Missie erreichbar, und sie stand so weit mit der Informationsquelle in Kontakt, daß sie als ein fast perfektes Medium handeln konnte.

Für einen Vertreter wurde Missie zu einer richtigen Bibliothek. Er hatte bei Miss Probert geklopft und wollte ihr eine mehrbändige Enzyklopädie verkaufen. Sie antwortete: »Ich habe bereits eine laufende Bibliothek. Was wollen Sie wissen?« Der Vertreter stellte sich auf die Situation ein und beschloß, den Spaß seiner zukünftigen Kundin mitzumachen: Er stellte eine Reihe von Fragen aus dem amerikanischen Bürgerkrieg. Ohne Zögern antwortete das winzige Genie vor ihm. »Ich sehe, Sie haben recht«, meinte er nur, packte seine Sachen und schüttelte dabei den Kopf.

»Hunde können nicht denken, behaupten die Wissenschaftler, aber Missie konnte es.« Wir konnten wohl kaum mit unserer Gastgeberin über diesen Punkt diskutieren. Wir saßen wie magnetisiert und ein wenig erstarrt auf dem Sofa. Der Hund Sissie sprang auf meinen Schoß und wollte spielen. Ich sah in seine Augen und stellte mir vor, durch diese Fenster in eine unbekannte Welt zu blicken. Dieser Hund wäre nicht so begabt, hatte seine Besitzerin gesagt. Aber ich konnte nicht aufhören, mich zu wundern. Ich warf den Ball, den Sissie im Mund hatte. Der Hund sprang von meinem Schoß und mir war das eher angenehm.

Die Stimme neben mir sagte: »Wissen Sie, daß Missie immer die genaue Zeit wußte? Ohne einen Blick auf die Uhr zu werfen, bellte Missie die nächste volle Stundenzahl. Wenn sie gefragt wurde, ob es vor oder nach dieser Uhrzeit wäre, antwortete sie und bellte dann die fehlenden Minuten.«

»Wie haben Sie den Hund darauf dressiert?«

»Ich habe Missie überhaupt nicht dressiert«, antwortete Mildred mit einer nachdrücklichen Handbewegung. »Sie machte das ganz von allein, wie schon alles andere vorher. Ein Freund hatte ihr eine Spieluhr gebastelt, mit Zeigern, die man auf dem Zifferblatt umherschieben konnte. Manchmal stolzierte sie zur Uhr und schob die Zeiger auf die richtige Uhrzeit. Ein Kind dreht die Zeiger in irgendeine Richtung, aber Missie drehte sie genau im Uhrzeigersinn.«

Mildred lehnte sich auf ihrem Sofa zurück und seufzte: »Aber Missie war keine Heilige. Sie war nicht vollkommen. Auf vielerlei Art war sie wie ein kleines Kind. Es war schon komisch: Sie konnte so viel wissen und so weise sein und dann war sie trotz alledem kindisch. Ich sage kindisch, denn Missie benahm sich eher wie ein verwöhntes Wunderkind als wie ein Hund.

Sie war eine Schauspielerin, die immer auf der Mitte der Bühne stehen will. Sie zeigte sich gern den Leuten. Deshalb mochte sie auch die Menschen, alle Arten von Menschen, auch die Lastwagenfahrer, die in der Allee hinter dem Haus hielten. Sie stand hinter dem Fenster und warf Küsse: Sie spitzte ihren Mund und schickte sie mit einer Pfote fort. Sie versuchte wirklich zu küssen, nicht zu lecken wie andere Hunde.

Sie konnte ungeheuren Lärm machen, wenn sie etwas wollte und es nicht bekam. Ich nahm sie in einer kleinen Tasche zum Einkaufen mit. Sie war still wie eine Kirchenmaus, bis sie etwas erblickte, was sie wollte, zum Beispiel ein kleines Stoffspielzeug, besonders wenn es rosa war. Alles mußte rosa sein. Man meint, Hunde seien farbenblind, aber Missie wollte alles in Rosa haben: ihr Spielzeug, Blumen, Kleider oder ihre Eiskrem. Aber wenn sie etwas wollte und ich kaufte es ihr nicht, fing sie an zu heulen und stieß mich. Zweimal klaute sie etwas und steckte es mir in die Tasche, als ich nicht hinsah. Dann leugnete sie, etwas hineingesteckt zu haben.

Wenn Besucher kamen, rannte sie und holte ihr Sparschwein, stellte es vor ihnen auf, und dann stupste sie auf seine Oberseite. Sie wollte Zehncentstücke haben. Es mußten Zehncentstücke sein, denn sie brauchte ein solches Geldstück, um ein rosa Eis beim Eismann zu kaufen. Wenn sie versuchten, etwas anderes hineinzustecken, nahm sie ihr Schwein und rannte fort. Wenn sie das Eis bekommen hatte, wollte sie die Waffel zwischen ihren Pfoten halten, um es zu essen. Wenn man es in ihren Hundenapf legte, wollte sie nichts mehr damit zu tun haben. Selbst als sie noch ein Baby war, wollte sie ihre Flasche mit ihren Pfoten halten. Sie hatte noch eine Schachtel mit rosa Schokolade, und wenn sie für jemanden gespielt hatte, erwartete sie ein Stück Schokolade, und sie hätte es von niemanden sonst genommen. Einmal impfte sie der Tierarzt in ihr Hinterteil. Und wie Menschen, die gern über ihre Operationen sprechen, mußte Missie jeden auf ihre Wunde aufmerksam machen, indem sie vor allen Leuten mit ihrem Hinterteil umherwedelte.«

Mildred blätterte ihr Notizbuch über ihren berühmten Hund durch. Als sie an einer Stelle hängenblieb und sich an einen besonderen Augenblick erinnerte, waren wir für einen Moment vergessen. Sie blickte uns flüchtig an und lächelte gedankenverloren. »Missie war sehr genau und beachtete jede Gewohnheit. Alles hatte an seinem Platz zu sein. Bevor sie nachts zu Bett ging, wurde ihr der rosa Pyjama angezogen, den meine Mutter ihr gemacht hatte, und dann mußte alles im Haus da sein, wo es hingehörte. Wenn jemand einen Kaffeetisch verschoben hatte, stieß sie mit ihren Pfoten dagegen, heulte ›ooo-oo‹ und versuchte, ihn an seinen Platz zu schieben.

Als sie morgens aufwachte und bevor sie aus dem Bett stieg, machte sie eine Art Beuge auf ihren Vorderpfoten und ließ einen Ton vernehmen, so wie ›aum-aum-aum‹, als ob sie singen würde. Später hörten wir dann diesen ›aum‹-Gesang bei den Hindus, und es klang fast genauso wie Missies Morgengesang. Für ihr Morgengeschäft ging sie ins Badezimmer, und dann bestand sie darauf, daß wir sofort das Papier wegwarfen. Danach wünschte sie ihre Jacke, und dann war es Zeit für das Frühstück – gebutterte Pfannkuchen oder Toast. Keine Butter bitte, nimm sie weg! Sie aß lieber Corn-flakes, aber sie mußte dabei gefüttert werden. Keine Hundemanieren bitte.

Wenn sie ins Bett ging, mußte unbedingt ein bestimmter Stoffhund da sein. Nicht irgendein Stoffhund, es mußte ihr Betthund sein, und er mußte im Bett bleiben. Mit ihren Spielsachen war sie sehr sorgfältig, und wenn ein Hund einen ihrer Stoffhunde biß, nahm sie ihn ins Bett und säugte ihn. Wenn sie sich mit ihrem Spielzeug beschäftigt hatte, stellte sie es immer wieder an seinen Platz.

Jeder neue Tag war für Missie ein neues Abenteuer und für mich sehr aufregend, da ich nicht wußte, was sie als nächstes tun würde. Sie fuhr gern Rolltreppen und mit dem Zug im Vergnügungspark. Aber einmal war nie genug. Nach dem erstenmal hob sie eine Pfote und sagte ›huh-uh, huh-uh‹, bis man sie noch einmal mitnahm, und erst dann war sie bereit, wieder fortzugehen. Eines Tages sah sie einen Jungen, der mit einem Hula-Hoop-Reifen spielte. Sie rannte nach Hause, holte ihren Ring und versuchte, so wie der Junge zu spielen. Es gab immer irgend etwas.

Einmal sah sie in einem Geschäft einen aufgespießten Tierkopf. Ich sollte sie hochheben, und sie küßte ihn und versuchte, das übrige Tier zu finden. Jemand gab ihr einen Hula-Rock. Ich fragte sie: ›Weißt du denn, wie man Hula tanzt?‹ Sofort antwortete sie ›uh-huh, uh-huh, woof, woof, woof‹: ja. Sie fing an, auf ihren zwei Hinterbeinen zu tanzen (sie stellte sich oft auf diese Weise auf), dabei stampfte sie mit einem Fuß und wirbelte so schnell herum, daß der Rock im Wind hochflatterte. Soweit ich weiß, hatte sie vorher niemals, außer im Fernsehen, einen Hula-Tanz gesehen.«

Mit ihrem Ruhm vermehrten sich auch ihre Aktivitäten. Ihre Begabungen wurden von vielen Menschen bezeugt. Klugerweise bemühte sich Miss Probert um viele notarisierte schriftliche Eideserklärungen und erhielt viele verschiedene Briefe. Einer wurde von Dennis Gallagher geschrieben, einem Mitglied des Repräsentantenhauses von Colorado und jetziger Senator:

»Für alle, die es angeht.

Im September 1966 besuchte ich eines Tages Miss Mildred Probert, und ihr kleiner Boston-Terrier, My Wee Missie, gab mir eine Vorstellung.

Zu meiner Verwunderung bellte der Hund ganz genau meine Versicherungsnummer, als er von Miss Probert danach gefragt wurde, dann meine Telefonnummer, meine Adresse und die Zahl der Buchstaben des Namens der Straße, in der ich lebe. Dann wußte der Hund noch mein vollständiges Geburtsdatum, Monat und Jahr.

Der Hund antwortete ohne Zögern. Miss Probert gab ihm keinen einzigen Fingerzeig. Miss Probert wird die oben erwähnten Nummern auch gar nicht gewußt haben. Ich kann auf all das nur antworten, wie Hamlet in dem Stück von Shakespeare (1. Akt, 5. Szene): ›Es gibt mehr Dinge zwischen Erd' und Himmel, als Eure Schulweisheit sich träumen läßt, Horatio.‹«

Neben vielem anderem sagte sie noch den verbreiteten Gebrauch neuer medizinischer Mittel voraus, das Einsetzen künstlicher Herzen und solche entscheidenden Durchbrüche wie die Entdeckung neuer Krebsursachen und Heilmöglichkeiten während der 70er Jahre. Sie sagte auch die Dollarkosten für den Bau eines neuen Schulgebäudes voraus. Nur einmal prophezeite Missie den Tod eines Menschen, denn Mildred mochte solche Fragen nicht. Dieser einzige Fall wird in folgendem Brief erzählt:

»Im Februar 1965 besuchten wir unsere Nachbarin Mildred Probert. Sie ließ ihren kleinen hellsichtigen Boston-Terrier einige Fragen für uns beantworten. Er bellte die Geburtsdaten unserer drei Töchter sehr deutlich und auch für uns leicht verständlich. Missie sagte uns auch die Zahl der Buchstaben in unseren Namen, die Tageszeit, ihre eigene Adresse, einschließlich der Postleitzahl.

Dann setzte mein Mann den Hund auf einen Sessel, lehnte sich über ihn und fragte: ›Wie viele Monate werde ich noch leben?‹ Miss Probert protestierte. Sie wollte nicht, daß ihr Hund den Tod voraussagte und warnte den Hund, die Frage nicht zu beantworten.

Mein Mann bestand gegenüber dem Hund, wartete aber auf eine Antwort und wollte ihn nicht freigeben. (Er sagte, er fürchte, daß er nur noch einige Monate lebe, nicht Jahre.) Missie beantwortete seine

Frage mit ›25‹. Miss Probert sagte schnell: ›Vielleicht meint sie 25 Jahre.‹ Er fragte dann den Hund: ›Wie viele Jahre werde ich noch leben?‹ Missie antwortete sofort ›zwei‹. Er fuhr fort: ›Kannst du mir das Datum sagen, den Monat?‹ Missie antwortete ›vier‹. Er fragte: ›Den Tag?‹ Missie antwortete ‹drei‹, ›1967‹.

Alles traf ein, wie der Hund vorhergesagt hatte. Mein Mann, C. Kinsaid, starb am 3. April 1967. Der vierte Monat, der dritte Tag, 25 Monate (zwei Jahre) später. Alle Mitglieder der Familie haben unzählige Male miterlebt, wie Missie prophezeite.« Der Brief ist unterzeichnet mit »Norma Kincaid Price«.

Mr. Kincaid hatte Mildred erzählt, sein Arzt hätte ihm gesagt, er litte an Magenkrebs im letzten Stadium und hätte nur noch drei oder fünf Monate zu leben. Er starb dann aber an Schußwunden, die er bei einem Unfall erlitten hatte.

Nur noch einmal prophezeite Missie den Tod – ihren eigenen. An einem Tag im Mai 1966, einige Tage vor ihrem elften Geburtstag, lenkte Missie Mildreds Aufmerksamkeit auf die Uhr. Der Hund bellte achtmal. Es war allerdings gar nicht diese Uhrzeit. Deshalb fragte Mildred nach, wieviel Uhr es sei. Missie bellte dann die richtige Zeit, kam aber sofort darauf zurück, achtmal zu bellen. An jenem Tag wiederholte sie das mehrere Male, erinnerte sich Mildred. Um genau acht Uhr starb Missie, sie erstickte an einem Stück Futter. Alle Bemühungen, sie zu retten, schlugen fehl. Später entdeckte Mildred noch Missies Spieluhr in einer Ecke des Zimmers. Die Zeiger waren auf acht Uhr gedreht worden.

Drei Wochen später hätten Missie, Mildred und Missies Tierarzt nach Hollywood fahren sollen, wo Missie in einem Walt Disney-Film die Hauptrolle spielen sollte. Alles war vorbereitet, sogar ein öffentliches Bankett in einem großen Hotel in Los Angeles – zu Ehren Missies. Alle Dekorationen waren rosa.

»Sie alterte nie. Als sie starb, sah sie aus wie ein Hundebaby. Die Leichenstarre trat erst 36 Stunden später ein, kurz vor ihrer Autopsie. Unser Tierarzt hatte die Colorado School of Veterinary Medicine angerufen, ob sie nicht ihr Gehirn haben wollten, wegen seiner ungewöhnlichen Brillanz: Sie antworteten, darüber wären sie sehr erfreut.« Missie wurde im Garten ihres Heims begraben. Die rosa Petunien, die sie so liebte, wurden auf ihr Grab gepflanzt. Obwohl Petunien normalerweise nur ein Jahr halten und beim ersten harten Frost eingehen, blühten diese den ganzen Winter, obwohl die Temperatur auf 17 Grad unter Null sank. Das Grab blieb weiterhin das ganze Jahr über grün, wie wir auf mehreren Fotos sahen.

Wir verstummten, aber in den alten viktoranischen Räumen hingen noch die Echos früherer Tage. »Mildred«, sagte Jeann, »Sie müssen das Buch beenden . . . es hat uns allen etwas zu sagen.« Ich konnte nur zustimmen.

4 Tiere in Laboratorien

Sergeant Bill Johnson kehrte aus Vietnam zurück. Er hoffte am Donnerstag wieder zu Hause in Newark, New Jersey, zu sein und wollte seine Familie überraschen. Aber sein Hund Nellie durchkreuzte diesen Wunsch. Irgendwie bekam er seine Ankunft schon am Mittwoch mit, und in ungeheurer Freude tobte der Hund im ganzen Haus herum und sammelte persönliche Sachen des Soldaten. Diese schleppte er in das Wohnzimmer, pflanzte sich an der Vordertür auf und war nicht wegzubekommen, bis Johnson erschien.

Dies ist eine wahre und nicht völlig unübliche Geschichte. Bei den Vorarbeiten zu diesem Buch sammelte ich Dutzende solcher Geschichten. Um solch eine Geschichte zu bekommen, brauchte man nur irgend jemandem, der gerade da war, zu erzählen, dem Postboten, dem Friseur, einem Nachbarn oder einer Putzfrau, daß ich gerade ein Buch über seelische Kräfte der Tiere schreibe, fast sicher erhielt ich eine Antwort, die ungefähr so anfing: »Lassen Sie mich mal einen Vorfall berichten, der vor einigen Jahren passierte: Meine Katze Sokrates ...«

Kürzlich mußte während einer Reise nach Denver etwas an meinem Wagen repariert werden. Der Mechaniker bemerkte einige Bücher, die auf dem Vordersitz lagen und die sich mit außersinnlichen Phänomenen beschäftigten. Er fragte mich zweifelnd, ob ich an solche Sachen glaube. Er selber hielte nicht viel »von solchem Kram«. Als ich dann anfing, über einige ernsthafte Forschungen auf diesem Gebiet zu berichten, unterbrach mich der Mann dauernd mit Geschichten über seinen großen Labradorhund, der seine Gedanken lesen könnte, und über ein Pferd, das immer genau dann sich versteckte, wenn einer aus der Familie nur daran dachte, reiten zu gehen.

Es gibt einen ganzen Berg von Beweisen, für außersinnliche Fähigkeiten der Tiere – Haustiere merken, daß ihr Herr gestorben ist oder sich in Gefahr befindet, obwohl er Hunderte Meilen entfernt ist; Kunststücke im Gedankenlesen; Vorhersagen von Erdbeben, Stürmen, sogar von Bombenangriffen, bevor sie beginnen; die Fähigkeit, auf der Suche nach einem verlorenen Herrn einen ganzen Kontinent zu durchqueren; Rückkehr aus dem Tod, um einen früheren Herrn vor einer Gefahr zu warnen; sogar Hellsehen, wie in dem merkwürdigen Fall von Missie, dem Boston-Terrier, dessen Geschichte im vorigen Kapitel erzählt wurde. Das alles sind merkwürdige Geschichten über Kräfte, die nur wenige von uns, die wir doch die »überlegene« Spezies dieses Planeten sein sollen, vorweisen können.

Vor mehreren Jahren nahm unsere unmittelbare Nachbarin eine große Perserkatze ihrer Mutter in Pflege. Ihre Mutter besuchte den Sommer über Freunde in England. Die Katze und die ältere Frau hatten seit vier Jahren in einem Apartment zusammen gelebt, und sie hatten sich während dieser Zeit höchstens für ein oder zwei Tage voneinander getrennt. So war es verständlich, daß sie mehrere Tage lang verwirrt blieb, weil sie zurückgelassen worden war. Doch bald fand sie sich mit der neuen Umgebung ab und schien einigermaßen zufrieden zu sein. Aber einen Monat nach der Abreise ihrer Herrin saß die Katze in einer Ecke des Wohnzimmers und miaute herzzerreißend, wollte nichts mehr essen und ignorierte jede Aufmerksamkeit. Kurz nach Mittag des zweiten Tages brach die Katze in lautes Heulen aus. Innerhalb der nächsten Stunde erhielt unsere Nachbarin einen Anruf, daß ihre Mutter auf dem Weg in ein Krankenhaus an einem Herzanfall gestorben war.

Dies ist nicht schwerer zu verstehen als die Geschichte eines sieben Jahre alten Beagles, der von einem Auto schwer verwundet worden war und einen Weg zur mehr als zwei Meilen entfernten Praxis eines Tierarztes fand, obwohl er nie dort gewesen war. Mit welchem Geistesmodell können wir erklären, wie ein Pferd auf Fragen richtig antwortet, indem es mit seiner Nase auf das Alphabet tippt? Wie können wir erklären, daß ein Bernhardiner ein abgestürztes Flugzeug lokalisiert, das an einem Bergabhang tief im Schnee Meilen von jeder Ansiedlung entfernt lag, oder wie ein Mutterkaninchen, das an einem Elektroenzephalographen gebunden war, genau wußte, wann eines ihrer Babys Hunderte Meilen entfernt in einem Unterseeboot getötet wurde. An die Geschichten kommt man leicht; Erklärungen sind selten.

Eins zumindest ist offensichtlich: Wie die Menschen verfügen einige Tiere über außersinnliche Kräfte und andere nicht. Einige Hunde merken, daß ihr Herr zurückkehrt, andere nicht; einige Haustiere können die Gedanken ihrer Besitzer lesen, andere zeigen kaum Anzeichen für diese Begabung; einige Tiere warnen ihre Besitzer vor einer drohenden Gefahr, andere kümmern sich nicht darum. Menschen, die keine Erfahrung mit Tieren haben, gruppieren gern die Mitglieder einer Spezies oder einer Rasse nach Instinkt, Intelligenz und Verhaltenskategorien. Sie sind schnell damit zufrieden, daß eine Katze eben eine Katze ist und daß von ihr ganz bestimmte Verhaltensweisen zu erwarten sind. Tierliebhaber werden dagegen nachdrücklich darauf bestehen, daß jedes Tier genauso individuell ist wie ein Mensch. Einige Leute werden darauf hinweisen, daß eine Spezies bestimmte Instinkte zeigt, beim menschlichen Verhalten werden sie diesen Begriff nicht gebrauchen. Denn was ist der Instinkt? Ein bloßes Etikett für etwas erklärt es kaum, aber diese Frage wollen wir uns für später aufheben.

Wir beschäftigen uns hier zunächst mit den außersinnlichen Fähigkeiten von Tieren. Deshalb ist es vielleicht nützlich, unsere Aufmerksamkeit auf die Bemühungen verschiedener Wissenschaftler zu richten, diese Phänomene zu erforschen. Auch Wissenschaftler haben Haustiere. Dazu kommt die Flut der Berichte über Tiere, die sich nicht immer so verhalten, wie wir es von ihnen erwarten. Beides brachte einige aufmerksame Forscher dazu, vierfüßige ebenso wie zweifüßige Kreaturen zu untersuchen. Die Ergebnisse waren aufschlußreich. Wenn alle Katzen, oder alle weißen wuscheligen Katzen außersinnliche Fähigkeiten hätten, wäre die Aufgabe für die Forscher leichter. Aber es gibt Katzen, die durch ihr Verhalten das morgige Wetter anzeigen und andere, die so wenig mitbekommen, daß sie hinaus in den Regen laufen. Und diese verschiedenen individuellen Grade von Intelligenz und Kraft verhindern simple Klassifikationen der Gehirnstruktur, des Nervensystems oder ein durchgängiges Intellektmodell. Solche bequemen Vergleiche können uns nicht bei unserem Problem helfen. Die Tatsache, daß ein Schäferhund über außersinnliche Begabungen verfügt, weit jenseits der Möglichkeiten seiner Artgenossen in der Umgebung oder auch seiner Besitzer, fanden einige Wissenschaftler schon recht ungewöhnlich. Sie entschieden sich, Tiere im Laboratorium auf diese außersinnlichen Fähigkeiten zu testen.

Für solche Laboratoriumtests werden Tiere meist in einfache Umgebungen versetzt, so daß die Einflüsse dieser Umgebung auf das Tier möglichst gering gehalten werden können. Damit wird aber das natürliche Verhalten eingeschränkt, und sicherlich beeinflußt dies die Ergebnisse. Trotzdem bleiben die Ergebnisse eindrucksvoll.

Viele dieser Versuche konfrontieren das Versuchstier mit einer Anzahl Wahlmöglichkeiten, von denen eine zu dem vom Tier gewünschten Ergebnis führt.

Im Duke's Parapsychology Laboratory führten Karlis Osis und Esther Foster einen Versuch mit Kätzchen durch, die in einen T–förmigen Irrgarten gesetzt wurden. Die Kätzchen waren darauf dressiert zu verstehen, daß jeder Arm des T zum versteckten Futter führen kann. Das Futter wurde dann verlegt, und das Kätzchen mußten entscheiden, welcher Arm das Futter enthielte. Geruchsfaktoren wurden möglichst gering gehalten, indem man die Luft von den Kätzchen wegblies. Die Kätzchen erzielten überdurchschnittliche Treffer, wenn ihnen Zuneigung gezeigt wurde und man Ablenkungen vermied. Festgelegte Muster, wenn zum Beispiel das Futter mehrere Male nacheinander rechts oder links gelegt wurde, entmutigten die Tiere leicht und minderten ihren Erfolg.

In einigen Versuchen wollte man Vorhersagen bestimmen: Die Möglichkeit, die zur Belohnung führt, wurde erst festgelegt, nachdem die Tiere gewählt hatten. C.E.M. Bestall und James Craig haben herausgefunden, daß Ratten und Mäuse bei zwei offenen Möglichkeiten voraussagen können, welche der beiden später richtig sein wird.

Nach Robert L. Morris, Forscher in der Psychical Research Foundation in Durham, ist die konsequenteste und wichtigste Reihe von Tierversuchen von Pierre Duval und Evelyn Montredon in Frankreich begonnen und später von Walter Levy in Amerika fortgesetzt worden. Sie arbeiteten mit Hamstern. Das Tier wird dabei in einen schmalen Käfig gesetzt, der in zwei Hälften geteilt ist, aber so, daß es die Barriere leicht überspringen kann. Ungefähr einmal in der Minute wird ein leichter Schock für ungefähr fünf Sekunden ausgelöst. Ein Generator wählt elektronisch aus, welche Seite über den Boden jeweils diesen Schock abbekommt.

Das Tier ist also motiviert, zu antizipieren, welche Seite geschockt wird, damit es auf die jeweils andere Seite springen kann. Die jeweilige Stellung des Tieres wird dann elektronisch aufgezeichnet und automatisch hochgerechnet. Dr. Morris zufolge sind die Tiere in mehr als zwanzig erfolgreichen Serien getestet worden, wobei die oben erwähnten Methoden immer wieder geändert wurden. Es kamen dabei nur wenige Fehlentscheidungen vor.

In einigen Studien wurde untersucht, ob Tiere über psychokinetische Fähigkeiten verfügen – ob sie also Dinge allein über ihr Bewußtsein verändern können. Helmut Schmidt beschrieb eine Versuchsanordnung, bei der ein wichtiger Teil der Umgebung des Tieres (etwa die Hitze einer Lampe oder ein Schock, der über ein Gitter ausgelöst wird) durch einen Zufallsgenerator reguliert wird, der in bestimmten Zeitabständen die Stimulierung auslöst oder beendet. Dabei wurde von der Hypothese ausgegangen, daß ein Tier mit psychokinetischen (PK) Fähigkeiten den Generator dahin beeinflußen wird, die Umgebung angenehm zu halten. Schmidt entdeckte, daß eine Lampe, die in einer kalten Umgebung eine Katze wärmte, öfters angeknipst wurde, als nach einer Zufallsberechnung erwartet werden konnte.

In einer ähnlichen Studie fand Walter Levy heraus, daß Lampen, die Küken und lebende Kükeneier in einer kalten Umgebung wärmten, ebenfalls öfter angeknipst wurden, als zu erwarten war. Das passierte nicht, wenn die Umgebung genügend erwärmt war oder wenn statt lebender gekochte Eier benutzt wurden.

Im Rockland State Hospital in Orangeburg (New Jersey) wurde kürzlich eine interessante Demonstration bei Hunden durchgeführt. Dazu wurden zwei Räume aus Kupfer errichtet, die nicht vibrierten und keinen Schall durchließen. Bei einem der Tests wurde dem Besitzer zweier Jagdhunde ein Luftgewehr gegeben, dann wurde er in einen der Räume gestellt und über einen Projektor Bilder von Tieren, die er kürzlich gejagt hatte, an die Wand geworfen. Er sollte mit dem Gewehr auf diese Tiere schießen. In dem anderen Raum waren seine Hunde eingeschlossen, und man konnte sie durch ein verstecktes Fenster beobachten.

Als der Jäger auf das Bild einer wütenden Wildkatze feuerte, rannten die Hunde wild und aufgeregt umher, obwohl sie sich in einem vibrations- und schallsicheren Raum befanden. Der Projektleiter Dr. Esser berichtete, daß auch dann diese Aufregung ausgelöst wurde, wenn der Besitzer auf andere Tierbilder feuerte.

Bei einem anderen Experiment wurde ein Boxer an einen Elektrokardiographen angeschlosen. Dabei befand sich seine Besitzerin in einem anderen Raum. Ohne die Frau vorher zu warnen, stürmte ein Fremder in den Raum, schrie umher und bedrohte die Frau. Es wurde berichtet, daß sie sich wirklich fürchtete, wie man sich denken kann. Ihr Hund in dem anderen schallsicheren Raum muß gefühlt haben, daß seine Besitzerin in Gefahr war, denn genau in diesem Moment wurde sein Herzschlag schneller.

Auch ein anderes Experiment mit einer Mutterhündin und einem ihrer Jungen bestätigte eine telepathische Verbindung zwischen Tieren. Beide Hunde waren darauf dressiert worden, sich hinzukauern, wenn ein gerolltes Stück Papier aufgehoben wurde. Die Hunde wurden in verschiedene Räume gesetzt, und der kleine Hund wurde mit einer hochgehobenen gerollten Zeitung bedroht. Er kauerte sich hin, und genau in diesem Moment kauerte sich auch die Mutter hin.

In einem Zeitungsinterview stellte Dr. Esser fest, daß die Tests überzeugende Beweise geliefert hätten, daß einige Hunde über telepathische Kräfte verfügten: »Ich bezweifle nicht im geringsten, daß einige Hunde, besonders Hunde mit einer engen Beziehung zu ihren Besitzern, über hochentwickelte telepathische Fähigkeiten verfügen. Diese Kräfte sind so stark, daß hier sicherlich der Schlüssel für das Verständnis menschlicher Fähigkeiten liegt.«

In ihren 1971 durchgeführten Experimenten testeten die Forscher Graham K. und Anita M. Watkins Beziehungen zwischen Mensch und Tier. Dazu wurden zwölf Personen ausgewählt, die bereits vorher bei Tests ihre außersinnlichen Fähigkeiten bewiesen hatten. Sie sollten erreichen, daß bestimmte Mäuse aus einer Betäubung schneller wieder erwachen als eine andere Gruppe Mäuse.

Auf genau dieselbe Weise wurden Paare von Mäusen desselben Wurfs, Geschlechts und derselben Größe gleichzeitig betäubt. Dann wurden sie in Plastikbehälter gesetzt und zu jeweils einem der Leute gebracht. Aus einer Entfernung von mehreren Fuß versuchte die Person dann die Maus wieder aufzuwecken.

Die Experimente wurden mit drei verschiedenen Versuchsanordnungen durchgeführt:

1. Die Versuchsperson und die Maus waren in einem Raum, und die Kontrollmaus war in einem anderen Raum.
2. Die Versuchsperson und beide Mäuse waren in einem Raum.
3. Beide Mäuse waren in einem Raum, und die Versuchsperson sah sie durch Einweg-Fenster von einem anderen Raum aus.

In der Mai-Nummer (1975) von »Probe the Unknown« schrieb Dennis V. Waite, daß die Experimentmäuse nur 87% der Zeit gebraucht hätten, die die Kontrollmäuse zum Aufwachen benötigten. Der Forscher Adrian Parker versuchte in seinen Experimenten Wüstenmäuse positiv zu notivieren. Nach einer Fastenperiode konnten die Tiere eine von zwei Tasten drücken, eine von ihnen führt dann zum Futter. Die Tasten wurden nach dem Zufallsprinzip von einem Computer ausgewählt. Parker: »Die Tiere konnten wählen, wann sie wollten. Möglicherweise können Tiere nur in bestimmten Zeitabständen vorhersehen, und über diese Versuchsanordnung konnten sie diese Zeit dann voll ausnutzen.« Der Forscher berichtet, einen anderen Vorteil der Tests: Wenn das Tier gewählt hatte, konnte nur an dem Papierstreifen im Rechner abgelesen werden, ob die Wahl richtig war. Und dieser Streifen war noch nicht im Streifenleser gewesen und wirkte sich in keiner Weise auf die Elektronenlogik aus. Die Leute die mit dem Tier im Raum waren, konnten also keinen Fingerzeig geben, denn sie konnten in keiner Weise herausbekommen, welche Taste richtig war. Sie konnten auch nicht die Teile der Streifen sehen, die in den Streifenleser kamen.

»Ein wichtiges Problem tauchte dabei auf: Es wurden zu viele Versuche gezählt, denn es wurden auch Vorversuche der Tiere gezählt (also bevor die Tasten aktiviert wurden), obwohl sie niemals zur Belohnung führten. Eine weitere Unsicherheit bestand darin, daß die Tiere meist die Tasten ›angriffen‹, die mehrmals hintereinander nicht zum Futter geführt hatten.«

»Trotzdem«, fuhr Waite fort, »erreichten die Tiere eine deutliche höhere Anzahl an Belohnungen (55%), als zu erwarten gewesen wäre. Verschiedene Tiere erzielten hierbei auch verschiedene Erfolgsgrade.«

Aus verschiedenen Gründen ist das Geheimnis des Tierverhaltens inzwischen beträchtlich offener als noch vor einigen Jahren. Nikko Tinbergen, ein führender Tierverhaltensforscher, stellte fest: »Die Echoorientierung bei Fledermäusen, die Funktion der Seitenlinien bei Fischen und die Elektromethoden, mit denen Fische ihre Beute finden, basieren alle in Prozessen, über die wir vor 25 Jahren noch nichts wußten und die damals in diesem Sinne außersinnlich waren.«

Es bleiben allerdings viele Arten tierischen Verhaltens, die wirklich als außersinnliche Wahrnehmung beschrieben werden können: Das Tier bemerkt Ereignisse oder Umstände, von denen es nach unserer bisherigen Kenntnis unserer fünf Sinne aber nichts wissen kann. Es gibt wenig Gründe dafür, daß außersinnliche Wahrnehmung bei Tieren sich stark von außersinnlicher Wahrnehmung bei Menschen unterscheidet. Wir können sicher davon ausgehen, daß wenn wir mehr über außersinnliche Wahrnehmung und Psi (ein griechischer Buchstabe, der allgemein als Zeichen für alle Arten des Außersinnlichen gebraucht wird) erfahren, sich auch unser Wissen über Menschen und Tiere gleichermaßen vervollständigt. Wenn wir zum Beispiel entdekken, daß Bewußtsein kein Ergebnis einer mechanisch-chemischen Funktion des Körpers und auch nicht durch die Raum-Zeit-Struktur des Körpers begrenzt ist, dann liegt die Erklärung nicht im Körper-Gehirn-Nerven-System, sondern woanders. In diesem Fall können also die Unterschiede (wenn sie überhaupt vorhanden sind) zwischen den paranormalen Fähigkeiten der Tiere oder Menschen im wesentlichen nicht über die Unterschiede in den physischen Systemen gefunden werden.

Ein Bereich des Studiums außersinnlicher Wahrnehmungen bei Tieren beschäftigt sich damit, wie Tiere über Psi ihren Weg finden können: etwa nach Hause zurückkehren können, im üblichen Sinn. Eine Brieftaube etwa wird in einem geschlossenen Container von zu Hause weggefahren, viele Meilen entfernt freigelassen, und sie wird ihren Weg zurück finden. Man nimmt an, daß dabei Stern- und Sonnenpositionen, geomagnetische Felder usw. benutzt werden, über die das Tier seinen Stand und sein Ziel bestimmen kann. Das erklärt allerdings nicht, wie ein Tier zu einem unbekannten Ziel findet oder zu einem Platz, an dem es noch nie zuvor gewesen ist.

Über Psi kann ein Tier seinen Weg zu einem für es neuen Platz finden, den es vorher nie gesehen hat und von dem es nichts weiß. Von einem jungen weiblichen Collie, Bobbie, wird eine der berühmtesten Geschichten in diesem Zusammenhang erzählt. Der Hund fuhr mit seiner Familie von Ohio zu ihrem neuen Heim in Oregon, wo Bobbie noch niemals gewesen war. Während eines Aufenthaltes in Indiana lief Bobbie fort. Nachdem die Familie lange und gründlich nach ihr gesucht hatte, gaben die Leute es schließlich auf und setzten ihre Reise fort.

Fast drei Monate später zeigte sich ein dünner und arg mitgenommener Bobbie an der Türschwelle des neuen Heims in Oregon. Neben seinem Halsband konnte der Hund auch an verschiedenen Zeichen und Flecken deutlich identifiziert werden. Ein Mann namens Charles Alexander las in der Zeitung von Bobbies Reise und entschloß sich, ihren Spuren von Indiana bis Oregon zu folgen. Alexander setzte Anzeigen in Zeitungen, die in Orten erschienen, die möglicherweise auf dem Wege lagen. Und er fand eine Anzahl Leute, die behaupteten, eine Zeitlang für einen Collie gesorgt zu haben, auf den Bobbies Beschreibung paßte. Als dieser Weg auf eine Karte eingezeichnet wurde, stellte sich heraus, daß Bobbie sehr zielgerichtet gelaufen war, mit nur wenigen Umwegen.

J. B. Rhine und Sara Feather haben vierundfünfzig solcher Fälle begutachtet. Die Fälle wurden danach ausgewählt, ob eine zuverlässige Informationsquelle vorhanden war; ob das Tier genau identifiziert werden konnte; ob der Fall in sich sinnvoll war; ob er von anderen Umständen bestätigt wurde, etwa unabhängige Zeugen oder eine Untersuchung des Tieres selbst usw. Bei vier der Fälle ging es um Vögel, bei allen anderen um Hunde und Katzen. In fünfundzwanzig Fällen wurden mehr als dreißig Meilen zurückgelegt. Vierundfünfzig Fälle mögen nun nicht viel sein, aber sie unterstützen doch die These, daß zumindest einige Tiere über die Fähigkeit verfügen, mit Hilfe von Psi Spuren zu finden.

Ein anderer Bereich der Erforschung unüblicher Wahrnehmungen bei Tieren beschäftigt sich mit Erscheinungen und Orten, an denen es »spuken« soll. Es gibt viele Geschichten über Hunde, die beim Tod einer Person heulen. Die Fähigkeiten von Tieren, Geister, übersinnliche Wesen usw. wahrzunehmen, werden in einem späteren Kapitel behandelt. Hier nur soviel: Es ist bekannt, daß Forscher Hunde, Katzen oder andere Tiere für sensibler gegenüber solchen Bereichen halten als Menschen. Darüber haben Raymond Baylesse und Ernesto Bozzano mehrere Bücher geschrieben. Der oben erwähnte Dr. Robert Morris berichtete, daß ein Freund einen Hund, eine Katze, eine Ratte und eine Klapperschlange zu einem angeblichen Spukhaus mitgenommen hätte, in dem zwei »verhexte böse Räume« wären, in denen jemand ermordet worden war. »Als wir in einen der Räume geführt wurden, reagierten der Hund, die Katze und die Schlange so, als ob sie bedroht würden. Die Ratte blieb ganz ruhig. Keins der vier Tiere reagierte anders als gewohnt, als sie in einen anderen Raum des Hauses gebracht wurden, der keine ähnliche Geschichte hatte. Zusätzlich ist interessant, daß Menschen, die einen solchen ›bösen‹ Raum betraten, einen Temperaturabfall wahrzunehmen glaubten, einer schätzte ihn auf 20 Grad; ein Thermometer, zeigte zur selben Zeit keinerlei Temperaturabfall.« Dr. Morris hat über dieses Experiment in einem Artikel (»Tiere und ESP«) für die Oktoberausgabe (1973) der »Psychic« geschrieben.

Die »Psychical Research Foundation« hat einige Untersuchungen angeregt, bei denen Tiere als »Antworter« in »out-of-body« Experimenten eingesetzt wurden (OOBE). Bei Tieren handelte es sich um Wüstenmäuse, Hunde, Hamster und Katzen. Bei den Vorarbeiten fand man heraus, daß eine Katze, die einer Person gehörte, die für OOBE getestet wurde, sich gerade in der Zeit sehr beruhigte, in der sie von ihrem Besitzer »besucht« wurde. Diese Ruhezeit stimmte genau mit dem Zeitraum überein, die die Versuchsperson als Besuchsdauer einschätzte. Über diese Experimente werde ich weiter unten ausführlicher berichten.

Andere Forschungen haben sich mit Tieren beschäftigt, die einen unüblichen Grad höherer Intelligenz zeigten. In dem einen oder anderen Land kommt es manchmal vor, daß ein Tier Arithmetik beherrscht, oder sinnvolle Sätze spricht. Meist handelt es sich um Hunde oder Pferde, die man gelehrt hat, auf Gesten oder gesprochene Fragen zu antworten. Sie machen sich meist verständlich, indem sie mit ihrer Nase oder Schnauze auf Buchstaben- oder Zahlenreihen tippen, mit dem Fuß scharren oder viele Hunde, indem sie bellen.

Kluger Hans war vielleicht das bekannteste intelligenteste Pferd. Das deutsche Pferd verblüffte Zuschauer und Wissenschaftler so lange, bis man entdeckte, daß Hans jemanden brauchte, der anwesend war und die richtige Antwort wußte. Hans beobachtete seine Umgebung so genau, daß er offensichtlich durch die Kopfstellungen der Beobachter einen Fingerzeig erhielt. Wenn er seine Antworten scharrte, beugten sich die Anwesenden vor, um besser sehen zu können. Wenn das Pferd oft genug gescharrt hatte, lehnten sich diejenigen, die die richtige Antwort wußten, unbewußt zurück und zeigten so Hans an, wann er aufhören mußte. Wenn Hans nicht solche Fingerzeige erhielt, scharrte er weiter, bis er müde war oder ein anderes Signal erhielt.

Aber eine Reihe anderer Tiere war nicht so leicht zu überprüfen. Durov, ein russischer Tiertrainer, konnte mehrere Jahre lang telepathische Beziehungen zwischen seinen Tieren und sich selbst vorführen, auch die Wissenschaftler, die das Phänomen untersuchten, waren überzeugt. Wir werden weiter unten uns eingehender mit diesen höchst unüblichen Tieren und ihren Kunststücken beschäftigen. Unsere Theorien über tierische Intelligenz werden dabei revidiert werden müssen. Missie, der hellsichtige Terrier, konfrontiert uns mit einer Unmenge Fragen, genauso wie der Gedankenaustausch zwischen Fred Kimball und Beatrice Lydecker und einer Menge vierbeiniger Gesprächspartner.

Lady, ein Pferd, das Mrs. Claudia Fonda gehört, vollbrachte einige bemerkenswerte telepathische Kunststücke. Zweimal untersuchten die Rhines das Pferd, und zunächst hielten sie das Pferd wirklich dieser Leistungen für fähig. Später fanden die Wissenschaftler allerdings heraus, daß das Pferd diese Fähigkeiten nur dann zeigte, wenn es sich auf Fingerzeige stützen konnte. Chris, der Wunderhund, war eines der am gründlichsten untersuchten Tiere. Er gehörte George Wood und wurde in den späten Fünfzigern von Remi Cadoret in den Labaratorien für Parapsychologie in Fuke untersucht. Chris antwortete auf gesprochene Fragen, indem er Woods Vorderarm mit seinen Pfoten berührte. Wood hatte Chris gelehrt, zu erraten, welche von fünf Standard-Symbolen in undurchsichtigen Umschlägen versteckt waren. Er berührte den Oberarm einmal für Kreis, zweimal für Kreuz usw. Es wird berichtet, daß Chris die Karten aus einem Spiel mit 25 Karten fast genau bestimmen konnte, obwohl niemand sonst die Reihenfolge der

Karten kannte. Weshalb auch die Möglichkeit ausgeschlossen ist, daß der Hund auf telepathischem Weg die richtigen Antworten erhielt.

Als allerdings Cadoret sich bemühte, eine Vorstellung zu wiederholen, geschah etwas Interessantes: Mehr als nach der Zufallsberechnung zu erwarten war, tippte Chris daneben. Das passiert oft mit menschlichen Versuchspersonen. Man nimmt an, daß dies auf negative psychologische Faktoren zurückzuführen ist. Einige Forscher haben aus diesem Phänomen geschlossen, daß telepathische Fähigkeiten der Tiere entsprechenden menschlichen Fähigkeiten gleichen oder mit ihnen identisch sind. Andere Forscher geben sich damit zufrieden, daß Tiere wie Chris von ihren Besitzern telepathisch beeinflußt werden, die dabei vielleicht ihre eigenen außersinnlichen Fähigkeiten gar nicht bemerken. Allerdings würden auch in diesem Fall Tiere auf telepathische Botschaften reagieren.

J. B. Rhine schlägt noch andere Kategorien menschlich-tierischer Psi-Kommunikation vor: Reaktion auf Schwierigkeiten oder gar den Tod eines entfernten Besitzers des Tieres; Antizipation eines positiven Ereignisses, etwa die Rückkehr des Besitzers nach langer Abwesenheit; oder die Reaktion auf eine unmittelbar bevorstehende Gefahr, die entweder das Tier selbst oder seinen Besitzer droht.

Als Beispiel zitiert D. Morris den Fall eines Hundes, der von einem Tierarzt beherbergt wurde, während seine Besitzer weit entfernt auf einer Ferienreise in Florida waren. Eines Morgens, gegen zehn Uhr, fing der Hund völlig unerwartet an zu heulen. Eine Untersuchung stellte fest, daß mit dem Hund alles in Ordnung war. Als man den Besitzern später den Vorfall erzählte, erklärten sie, daß sie genau zu dieser Zeit bei einer plötzlichen Flut sich auf das Dach ihres Wagens gerettet hätten. Gegen elf Uhr wären sie dann befreit worden.

Forscher wundern sich auch weiterhin, wie Menschen das Verhalten von Tieren so beeinflussen können, daß sie soundso oft bellen, eher in eine Richtung als in eine andere laufen usw. Mit allen möglichen Tieren, von der Fledermaus bis zur Schmetterlingslarve, sind Versuche unternommen worden und es ist offensichtlich, daß irgend etwas in diesem Kontakt geschieht. Aber einige Forscher tippen dabei auf Psychokinese bei Menschen, während andere behaupten, daß solche Fähigkeiten bei Tieren klar bewiesen seien. Ganz sicher werden wir endgültige Antworten erst haben, wenn wir über Psi im allgemeinen mehr wissen. Im Augenblick müssen wir annehmen, daß Tierbesitzer über psychokinetische Kräfte verfügen können und daß auch Tiere solche Fähigkeiten aufweisen. Woher wissen wir denn, daß Tiere uns nicht in eine von ihnen gewünschte Richtung drehen oder uns über Telepathie informieren können, daß jetzt Essenszeit ist? Dr. Morris schließt seinen Artikel: »Aus den Geschichten und Experimenten folgt, daß die Wahrscheinlichkeit, daß auch in anderen Spezies, nicht nur bei uns, außersinnliche Fähigkeiten gefunden werden können, hoch ist. Versuchsergebnisse mit Tieren sind mindestens genauso positiv und beständig wie mit Menschen, wenn nicht mehr. Gegenbeweise (Psi beim Forscher selbst usw.) können schlüssig nur widerlegt werden, indem alle Umstände der Experimente genau untersucht werden. Ich denke, daß damit bald begonnen wird . . .«

Dr. Morris folgert aus der Psi-Forschung mit Tieren: »Es sind ausreichende Beweise für Psi bei Tieren gefunden worden. Daraus kann schon ein wichtiger Schluß gezogen werden: Offensichtlich stammt Psi nicht aus der letzten Stufe der Evolution . . .«

Es können noch andere Schlüsse gezogen werden. Es scheint eine Wahrnehmung zu geben, die jenseits der sogenannten normalen Sinne liegt. Durch sie gelangt das Subjekt nicht nur in Kontakt mit der unmittelbaren Umgebung, sondern auch mit Dingen und Ereignissen, die weiter entfernt sind. Diese Wahrnehmung wird vielleicht nicht nur von Menschen und Tieren, sondern von allen lebenden Wesen geteilt. Wenn das der Fall ist, dann ist jede Form von Leben durch ein universales und vereinheitlichendes Bewußtsein miteinander verbunden. Alles steht miteinander in Kontakt, und jede Lebensform wird in irgendeinem geringen Ausmaß alles andere im Universum berühren und beeinflussen. Diese Möglichkeiten und noch einige andere Wege, außersinnliche Fähigkeiten zu erkennen, werden im nächsten Kapitel dargestellt werden.

5 Tiere und Pyramiden

In der Frühzeit der Geschichte bauten die Menschen die Pyramiden auf der Gizaebene in Ägypten. Wie lange das zurückliegt, weiß niemand genau. Sie sind die einzigen übrig gebliebenen Monolithen einer einstmals großen Zivilisation, die schon lange im Sand der Sahara oder vielleicht auch in den Wellen des Atlantik versunken ist.

Wurden diese Berge am Nil über Tage und Jahre hinweg von Sklaven erbaut, die gezwungen waren, ein Grab über einigen ruhmsüchtigen Königen zu errichten, oder waren sie die Schöpfung einiger Geistesriesen, die auf der Erde die Weisheit des Universums entflammen wollten. Wer? Warum? Wie? Wann?

Diese Fragen können gestellt werden, die Antworten allerdings bleiben auf Vermutungen verwiesen. Und welche Antworten auch gegeben werden, sie sind wahrscheinlich nicht richtig. Wenn man die Bemühungen der Menschen betrachtet, schon seit Jahrhunderten die Rätsel dieser Welt zu lösen, wird man sehen, daß jede Erklärung eines Dings (was es ist, wie es funktioniert) früher oder später von einer anderen Erklärung beiseite geschoben wird. So war es und so wird es wahrscheinlich noch einige Zeit bleiben. Der menschliche Geist hat sich noch nicht bis zu dem Punkt entwickelt, daß er alles völlig verstehen kann. Wir müssen uns mit Stückwerk zufriedengeben. Aber alles geht weiter und damit auch der Traum, morgen mehr zu entdecken.

Neben den Pyramiden steht die Sphinx, eine stumme Schildwache vergangener Paraden, um ihre Lippenwinkel spielt ein rätselhaftes Lächeln, das weniger durch den Stein als durch die Stille erfroren ist. Teils Tier, teils Mensch, teils ein Gott, vielleicht das Symbol für eine Seele unterwegs . . . ein Tier, auf dem Weg ein Gott zu werden? Wir wägen ab und erfreuen uns dabei mehr an unserer Poesie als an unseren Experimenten, denn auch der Mensch ist ein Mystiker. Oder vielleicht war er ein Mystiker, bevor er ein Mensch wurde; wenn wir uns wie auf Adlerflügeln in den Himmel erheben oder neben einer Bergspalte dem Flüstern der Natur lauschen, wie nah sind wir dann der Realität der Dinge? Wir sind uns der Herkunft unserer Entdeckungen nicht immer sicher: ob sie aus einer lange vergessenen Vergangenheit zu uns kommen, ob sie das Ergebnis unserer Vernunft sind oder Inspirationen eines Augenblicks, in denen wir kurz das Göttliche gestreift haben. Fragen werden früher oder später immer ihre Antworten finden. Diese Antwort dauert vielleicht nicht, aber eine Zeit lang dient sie als Basis für den nächsten Schritt. Antoine Bovis machte neben der Sphinx eine Pause, bevor er zur Großen Pyramide weiterging. Er war noch über die merkwürdige Kombination von Mensch und Tier verwundert, die in der großen Statue abgebildet war, als er die Königskammer betrat. Vielleicht ließ ihn dieser Gedanke ein kleines totes Tier in einer Ecke des Raums entdecken. Fasziniert entdeckte er, daß das Tier, offensichtlich schon lange tot, nicht verwest, sondern mumifiziert war.

Irgend etwas erzählte Bovis, daß eins der Geheimnisse dieses Vorgangs in der Form der Pyramide lag, daß diese Form die Energiefelder innerhalb der Pyramide so veränderte, daß das Tier nicht zerfiel, sondern trocknete. Nach Frankreich zurückgekehrt testete er diese Vermutung. Er baute Modellpyramiden, die nach dem Grundriß der Großen Pyramide erbaut und nach der Nord-Süd-Achse ausgerichtet waren. Tote Tiere, die er in das Modell an eine Stelle legte, die in etwa der Königskammer entsprach, wurden mumifiziert, sie verwesten nicht. Der französische Forscher hatte die neue Ära des Pyramidenbaus eingeleitet.

Seine Studien erregten die Aufmerksamkeit eines tschechischen Radioingenieurs. Er hieß Karl Drbal. Er interessierte sich für Wellenbereiche, Kristalle usw. und fragte sich, welchen Einfluß dieser Pyramidenumriß wohl auf Metallstrukturen haben könnte. Er fand heraus, daß Rasierklingen innerhalb der Modellpyramiden wieder scharf wurden. Seine patentierten Pyramiden zum Rasierklingenschärfen erregten die Aufmerksamkeit zweier amerikanischer Reporter, die eine Reise in die Länder jenseits des »Eisernen Vorhangs« unternahmen, auf der Suche nach neuen wissenschaftlichen Entdeckungen. Sie erwähnten die Pyramidenexperimente in ihrem Buch »Psychic Discoveries Behind the Iron Curtain«. Damit begann in Amerika und einer Reihe anderer Länder geradezu eine »Pyramidologie«. Das Interesse wuchs, als verschiedene Forscher, von Hobbybastlern bis zu professionellen Wissenschaftlern, herausfanden, daß innerhalb der Pyramiden wirklich unübliche Dinge geschehen.

Es mag zu weit führen, wenn man annehmen wollte, daß jenes kleine Tier sich in der Großen Pyramide geopfert hätte, um die Aufmerksamkeit des Menschen auf neue Energiebereiche zu lenken. Aber Tiere haben sich bewußt oder unbewußt auf den wissenschaftlichen Altären der Menschen geopfert, ohne diesen Beitrag wäre das wissenschaftliche Wissen noch weit von seinem jetzigen Stand entfernt.

Ed Pitt und ich gehörten zu denen, die auch von diesem Pyramidenfieber angesteckt wurden. Während unserer vier Jahre langen Forschung experimentierten wir mit Hunderten von Pflanzen, Flüssigkeiten und Stoffen, mit Pyramiden verschiedenen Umfangs und aus verschiedenem Material und unter einer ganzen Reihe verschiedener Umstände. Unsere Arbeit fand ihr Ergebnis in zwei Büchern: »The Secret Power of Pyramids« und »The Psychic Power of Pyramids«. Aber im Rückblick können wir sagen, daß Tiere bei unseren Bemühungen eine wichtige Rolle gespielt haben. Für neue Überlegungen und für unsere Arbeitshypothesen waren sie direkt verantwortlich.

Eine kleine weibliche Wüstenmaus eröffnete eine ganze Reihe von Experimenten. Zunächst hatten wir uns bewiesen, daß Rasierklingen innerhalb der Pyramiden wirklich scharf wurden, dann entdeckten wir, daß Früchte, Gemüse, Fleisch, Eier, Milch usw. in den Pyramiden frisch blieben, schließlich wollten wir das kleine Tier in die Pyramide setzen, um zu sehen, was passieren würde. Wir hatten dabei nichts Besonderes im Sinn, wir wollten es nur ausprobieren. Aber die Ergebnisse machen uns doch stutzig: Sind wir wirklich nur von unseren eigenen Einfällen geleitet worden und nicht von anderen Zeichen?

Die Wüstenmaus war außer sich vor Freude. Das Tier hatte vorher niemals eine solche maßlose Freude gezeigt. Es aß besser, wuchs etwas, obwohl es schon ausgewachsen war, und zeigte bald ein luxeriöses Pelzkleid. Und es war so ruhig; nichts konnte es beunruhigen. Besonders neu war seine Sorge um seinen Haushalt. Es säuberte seinen Käfig und machte sein Nest säuberlich in eine Ecke, anstatt es im halben Käfig so wie früher umherzustreuen. Aber als ihr Käfig wieder aus der Pyramide herausgenommen wurde, war das Tier sehr beunruhigt. Es wollte nicht mehr fressen, und sein kleiner Haushalt war bald ein Schweinestall. Als wir dagegen das Tier wieder zurück in die Pyramide setzten, war es wieder so fröhlich wie vorher.

Eines Tages schnitt sie sich in ihrem Käfig ganz unglücklich. Die Wunde lag so nah am Auge, daß wir dachten, das Auge sei verloren. Die Wunde wurde nicht behandelt, aber wir setzten das Tier in die Pyramide. Der Heilungsprozeß verlief sehr schnell, und die Wunde hinterließ nicht einmal eine Narbe.

Diese Experimente ermutigten uns, Pyramiden zu bauen, die genügend groß waren, daß Menschen darin sitzen, meditieren und sogar schlafen konnten. Damit hatten wir uns ein ganz neues Feld voller Abenteuer eröffnet. Unsere Experimente mit den kleinen Pyramiden hatten uns schon einige aufregende Ergebnisse erbracht, aber in den größeren Pyramiden konnten wir uns selbst und andere unter ganz verschiedenen Umständen testen. Als die Ergebnisse Freunden mitgeteilt und schließlich in Briefen, Zeitungen, Radio- und Fernsehinterviews weiterverbreitet wurden, fingen auch andere Leute an, größere Pyramiden zu bauen, und sie teilten uns ihre Erfahrungen mit. So konnten wir eine genügende Anzahl Daten über Personen sammeln, die auch mit der Pyramidenform experimentierten.

Hier nur kurz (in »The Psychic Power of Pyramids« haben wir das Material ausführlicher dargestellt): Die Leute wurden in den Pyramiden ganz friedlich und ruhig. Sie fühlten sich auf angenehme Weise den Zerstreuungen der Außenwelt entrückt und auch isoliert, obwohl sie von dieser Außenwelt nur durch eine Plastikwand oder durch ein Sperrholz getrennt waren. Sie konnten besser meditieren, besser damit beginnen und die Meditation länger ausdehnen, als es draußen möglich war. Innerhalb der Pyramiden fühlten sie irgendeine Art »Anwesenheit«. Sie konnten sie schlecht beschreiben, denn sie meinten nicht, daß ein Geisterwesen oder eine unsichtbare Person anwesend wäre, es war mehr das Gefühl einer wohlwollenden, sorgenden Kraft. Aufregend war es, daß Ärger und Probleme, die man in die Pyramide mit hineingenommen hatte, hier nicht länger durchgehalten werden konnten. Sie schienen wie weggeblasen. Eine Versuchsperson erzählte uns, daß sie sogar ernsthaft versucht hätte, Haßgefühle festzuhalten und noch zu verstärken. Aber es wäre unmöglich gewesen. Eine sensible Seele erzählte, daß sie mit der ganzen Last der Welt die Pyramide betreten hätte. Sie wäre vom »Schmutz der Welt« so depremiert gewesen. Aber sie hätte die Pyramide eine Stunde später voller Hoffnung und sogar optimistischer verlassen.

So hatte unsere fröhliche, ausgelassene Wüstenmaus zu einer ganzen Menge zufriedener Leute verholfen. Sogar Leute, die sonst an Klaustrophobie leiden, fühlen sich innerhalb des wunderbaren Pyramidenraums wohl. Zusammen mit einem ganz neuen Lebensstil wurde für viele Leute auch die »Hausarbeit« wieder wichtiger. Sie entdeckten größere Freude am Alltagsleben, wie es schon unser pelziger Kristallball vorgemacht hatte. Menschen merkten, daß sie wieder sangen und pfiffen. Aus Problembergen machten sie wieder Maulwurfshaufen. In vielen Telefongesprächen und Briefen wurde uns mitgeteilt, daß die Menschen ein inneres Gleichgewicht gefunden hätten, und mehr als nur ein paar erzählten uns, daß sie jetzt wieder »alles auf einen Nenner bringen« könnten.

Aber die vielleicht erstaunlichsten Experimente beschäftigten sich mit Heilungsprozessen. Zweimal hatte sich Ed Pettit beim Arbeiten mit Werkzeugen bös an seiner Hand verletzt; beim zweitenmal war es so schlimm, daß der Arzt meinte, er würde zwei Fingerkuppen verlieren. Beidesmal blieb er lange in einer Pyramide. Da er beim erstenmal geheilt worden war, war Pettit überzeugt, daß die Pyramide ihn wieder durchbringen würde. Die Finger wurden gerettet. Obwohl man nicht beweisen kann, daß die Pyramide der Grund dafür war, war der Arzt so verwundert, daß er uns für unser Buch eine signierte Stellungsnahme gab.

Bald danach hörten wir von Leuten im ganzen Land, daß auch sie ähnliche Heilungserfahrungen gemacht hätten. Wir können die Pyramidenmodelle nicht als »Heilungstricks« anbieten, aber wir können diese Experimente mitteilen. Die Leute erzählten uns von Schnittwunden, Quetschungen, gebrochenen Beinen usw., die in noch viel kürzerer Zeit geheilt waren; Narben verschwanden; Arthritis und Rheuma wurden gelindert; Kopfschmerzen und Geschwüre waren wie weggeblasen; unreine Haut war wieder glatt und sauber . . . die Liste erscheint endlos.

Sind Pyramiden etwa »Wunderarbeiter«? Wir wissen es nicht. Wir haben uns selbst und anderen viele Fragen gestellt: über Energiefelder, Glaubenssysteme, positives Denken, Suggestion (viele der Berichterstatter hatten nichts von den Heilungserfolgen anderer Leute bemerkt), elektromagnetische Einflüsse usw. Eine Zeitlang dachten wir darüber nach, ob nicht alles das Ergebnis psychosomatischer Faktoren war, das nur wenig mit dem eigentlichem organischen System zu tun hatte. So gewann unser Experiment mit der Wüstenmaus eine neue Bedeutung. Wir sagten uns, daß die offensichtlichen Heilungserfolge nicht bloß psychosomatischer Natur sein konnten, wenn die außergewöhnliche Gesundung des kleinen Tieres überhaupt etwas bedeuten sollte. Diese Frage stellte sich unvermittelt, als wir merkten, daß Pettits Hund, Wolf, der schon seit mehreren Wochen jeden Tag eine Zeitlang freiwillig draußen in einer Pyramide verbracht hatte, trotz seiner Arthritis weniger hinkte. Er wollte auch wieder Ball spielen, was er seit über einem Jahr abgelehnt hatte. Weitere Bestätigungen erreichten uns in der Form von Briefen und Telefonanrufen: »Lassen Sie mich erzählen, was die Pyramide für mein Haustier getan hat.«

Viele dieser Leute hatten zunächst für ihre eigenen Bedürfnisse große Pyramiden gebaut. Aber dann entdecken sie, daß ihre Katzen, Hunde, Kaninchen, Eichhörnchen, Papageien usw. mit diesem Haushalts- oder Gartenmöbel andere Pläne hatten. Bei jeder Gelegenheit wollten sie in die Pyramide, sie wurden durch irgendeine geheimnisvolle Kraft dorthin gezogen. Was für eine Botschaft die Tiere auch erhielten, eine ganze Reihe von Leiden wurde erleichtert, sie wurden lebhafter, Haut oder Fell sahen besser aus und sie schienen zufriedener zu sein.

Warum wurden die Tiere von den Pyramiden so angezogen? Aus dieser Frage folgen zunächst andere Fragen. Man kann fast sicher annehmen, daß die Tiere irgendwie die gleichen Empfindungen wie Menschen hatten: Ruhe, Frieden und Stärkung. Tiere stimmen mehr mit der Natur überein als wir. Deshalb spüren sie eher, was für sie gut ist und was sie vermeiden müssen. Sie kauen Gras und Kräuter, wenn ihr Körpersystem aus dem Gleichgewicht gerät, und sie fasten und ruhen sich aus, wenn sie krank sind. Die meisten einfachen Medizinarten wurden entdeckt, als man Tiere beobachtete, die bei verschiedenen Problemen bestimmte Pflanzen fraßen. Die Menschen probierten diese Pflanzen aus, und über Jahrhunderte hinweg wuchs der Vorrat an Heilmitteln langsam an. Der größte Teil heutiger Medizin wurde so entwickelt, aber zuerst wurde er von Tieren entdeckt.

Mit ihrem angeborenen Wahlinstinkt ist es nicht wahrscheinlich, daß die Tiere sich freiwillig in Situationen begeben, die für sie nicht gut sind. Wissen sie, daß die Pyramiden über heilende Kräfte verfügen? Sicherlich wissen werden sie das nicht, aber irgend etwas zieht sie an. Sie ziehen eine Pyramide ihrem angestammten Ruheplatz vor. Wenn eine Pyramide geschlossen ist, liegen sie oft außen ganz nahe an ihr. Einen Papagei, der aus seinem Käfig fortgeflogen war, fand man mehrere Stunden später auf der Spitze einer sechs Fuß hohen Pyramide, ungefähr fünf Häuserblocks von seinem Heim entfernt.

Bill Kerell und Kathy Goggin schrieben in ihrem Buch »The Guide to Pyramid Energy«, daß, wenn man Tieren die Wahl läßt, sie eher Wasser nehmen, das in Pyramiden aufbewahrt worden ist. Sie berichten auch über ihren Kater, der mit seinen Kampfwunden nach Hause kam und eilends in die Pyramide lief, die sie für ihre Haustiere gebaut hatten. Er kam erst nach etwa vierundzwanzig Stunden wieder heraus. Die Autoren schreiben weiter: »Sogar schwere Wunden scheinen mit erstaunlicher Schnelligkeit auf diesen Therapiesitzungen zu heilen.«

Kerell und Goggin haben die Lebenszeit von Seekrabben in Pyramiden getestet und sie mit normal lebenden Krabben verglichen. Sie erzielten erstaunliche Ergebnisse: »Wir haben mindestens ein Dutzend Haufen dieser Krabben ausgebrütet. Wir achteten immer darauf, daß die Brut unter der Pyramide und der Kontrollhaufen in möglichst gleicher Umgebung lebten. Dabei stellte sich heraus, daß das Pyramidenwasser und eine Pyramide über dem Testtank die Lebensspanne der Krabben erheblich ausdehnen kann.« Die Kontrolltiere lebten höchstens sieben Wochen, die Krabben unter der Pyramide lebten noch nach einem Jahr.

Tom Garrett, ein Student der Psychologie in Oklahoma City, hatte ähnliches Glück mit kleinen exotischen Fischen in einem Aquarium. Er stellte nicht das Aquarium unter eine Pyramide, sondern baute vier Zoll hohe feste Plastikpyramiden auf den Boden des Wasserbehälters. Die Fische blühten geradezu auf, stellten neue Fortpflanzungsrekorde auf und wurden größer als normal. Jede Schmutzhaut verschwand von den Wänden des Behälters und genauso vom Kies auf dem Boden. Das Wasser wurde so kristallklar, »wie flüssiges Eis«, stellte Garrett fest, daß er das Filtersystem des Aquariums abstellte. Das Wasser ist nun schon seit mehreren Monaten frisch und klar geblieben. Ed Pettit hat Garretts Versuche mit genau denselben Ergebnissen wiederholt. Allerdings hatte ein Experiment mit Fischen und Pyramiden kein günstiges Ergebnis, zumindest für einige Fische. Garett baute eine Plastikpyramide so in das Aquarium, daß ihre Spitze den Boden berührte. Die Fische begannen zu sterben. Er drehte die Pyramide um, und keine weiteren Fische starben.

Die Pyramide wurde in ihre Ausgangslage gebracht, und mehrere Fische verschieden, bevor die Pyramide erneut herumgedreht wurde. Bis jetzt ist dieses Experiment von keinem anderen Forscher wiederholt oder bestätigt worden, aber wir haben dies noch vor. Hier können wir nur darüber spekulieren, ob vielleicht das Energiefeld für die Fische entweder zu stark war oder irgendwie ein negatives Ergebnis hervorrief – etwas, das bei Pyramiden selten geschieht.

Für Insekten ist der Pyramidenraum offensichtlich ein negatives Feld. Wenn sie in eine Pyramide kommen, wollen sie nicht darin bleiben, so lasen wir in mehreren Berichten. Innerhalb der Pyramide werden Früchte, Gemüse und andere Eßwaren von Ungeziefer, Fliegen usw. nicht belästigt. Ein Freund machte einen Test mit einigen Ameisen. Er bemerkte in der Nähe seiner Pyramide einen Ameisenhaufen. Er legte einige Brotstücke in die Mitte der Pyramide und einen gleich großen Haufen außerhalb auf den Boden. Die Ameisen fanden bald den Weg zu den neuen Leckerbissen außerhalb der Pyramide, aber der

Heerzug, der die Pyramide erreicht hatte, wich zurück, als er in sie eindringen wollte. Eine tapfere Pfadfinderin fand den Weg bis zu dem Futter und lud sich sogar einen Krümel auf, aber sie krabbelte nicht weit, als sie ihn wieder ablud und eine angenehmere Umgebung suchte. Warum sich Tiere von Pyramiden angezogen fühlen, aber nicht Insekten, wissen wir nicht. Wir würden gerne wissen, ob nützliche Insekten, etwa Bienen, sich auch von dem Pyramidenraum angegriffen fühlen. Es sollte nicht zu schwierig sein, diese Frage zu beantworten, aber bis jetzt haben wir noch keine Versuche angestellt.

Es kann gut sein, daß Tiere mit ihren gegenwärtigeren Sinnen und möglicherweise größeren psychischen Aufnahmefähigkeit Energiefelder wahrnehmen, die die Menschen meistens nur indirekt entdekken. Viele Menschen haben innerhalb der Pyramiden neue Eindrücke aufgenommen, aber Tiere nehmen vielleicht diese Energiefelder unmittelbar in sich auf. Sie sind vielleicht eher empfänglich, weil sie nicht fragen, alles in eine Ratio einbauen und analysieren, wie wir es gerne tun. Jedenfalls haben uns Katzen und Hunde, zu einer weiteren Entdeckung geführt. Immer wenn unsere Hunde in die Pyramide gingen, legten sie sich in der nordöstlichen Ecke nieder. Wir schenkten dem nicht viel Aufmerksamkeit, denn wenn ein Hund einen Platz wählt und seinen Geruch hinterläßt, wird er meist zu diesem Platz zurückkehren. Aber dann erhielten wir Briefe und Telefonanrufe von Leuten, die auch diese Beobachtung gemacht hatten. Ein Freund entschloß sich, seinen Hund zu testen. Er drehte seine Pyramide so herum, daß aus ihrer Nordostecke eine Südwestecke wurde. Der Hund betrat die Pyramide, ging zur Südwestecke, schnüffelte kurz, dann ging er zur Nordostecke und legte sich hin. Wir fragten uns, was denn an dieser Nordostecke so anziehend ist. Wir entschlossen uns, einige Menschen zu testen. Wir baten sie, die Pyramide zu betreten, und folgten ihnen. Wir drehten sie dann ein paarmal, dann sagten wir ihnen, sie sollten sich weiter langsam im Kreis drehen, bis sie fühlten, daß sie in die Richtung blickten, »die am angenehmsten sei«. Als sie aufhörten sich zu drehen, blickten vier von fünf in eine Nord-Ost-Richtung. Einer von ihnen war hellseherisch begabt. Er sah im nordöstlichen Teil der Pyramide einen hellen Schein. Und schon immer haben Mystiker behauptet, daß die Menschen zum Schlafen ihre Köpfe entweder gen Norden oder gen Osten legen, aber niemals gen Süden oder Westen. Bei jedem Wetter und in jeder Jahreszeit schlugen die Prärieindianer ihr Zelt mit der Öffnung gen Osten auf.

Die Südwestecke der Pyramide scheint bei Menschen und Tieren negative Reaktionen hervorzurufen. Menschen, die eine Zeitlang in der Südwestecke der Pyramide gesessen haben, fühlten sich nervös und unruhig, oft litten sie an Kopfschmerzen. Ohne diese unübliche Eigenschaft der Südwestecke zu erwähnen, hatten wir einige wenige Leute eingeladen, innerhalb der Pyramide zu meditieren. Wir setzten die Gruppe so hin, daß einer in der Südwestecke saß. Wir haben beobachtet, daß diese Person nach kurzer Zeit unruhig wurde und meist sich auf einen anderen Platz setzte. Später wird er dann sagen, er hätte sich fortgesetzt, weil er sich »ruhelos« fühlte, »nicht ruhig werden konnte«, »scheinbar schlechte Vibrationen fühlte« usw. Eine Frau erzählte uns, daß sie sich wirklich krank fühlte, eine andere Frau verließ während einer der Meditationssitzungen die Pyramide, weil sie fühlte, daß es mich umfaßte, und ich mußte da raus«.

Als der oben erwähnte Tom Garrett mit seinen Experimenten begann, baute er zunächst eine große Pyramide, um darin zu meditieren und seine Forschungen durchzuführen. Er entschloß sich, die Verfallszeit von Äpfeln zu testen, und schnitt einen Apfel in zwei Hälften. Eine Hälfte legte er draußen vor die Pyramide, die andere Hälfte in die Pyramide, auf einen Platz, der auf einem Drittel der Strecke zwischen Boden und Spitze und direkt unter der Spitze lag. Einige Tage später sah er nach: Die Apfelhälfte draußen war dunkelbraun geworden und angeschimmelt, aber die Hälfte in der Pyramide schien immer noch frisch zu sein. Er wollte in der Pyramide direkt unter der Spitze meditieren. Deshalb legte er den Apfel eine Zeitlang in die Südwestecke. Es war kaum eine Stunde vergangen, als er seine Meditation beendete. Er nahm den Apfel, um ihn auf den Sockel in der Mitte der Pyramide zurückzulegen. Garrett: »Es ist kaum zu glauben, aber in dieser kurzen Zeit war der Apfel völlig dunkel geworden und sah fast genauso alt aus wie der Kontrollapfel draußen.«

Es gibt also bestimmte Plätze, die eine unübliche Menge Kraft ausströmen, und offensichtlich auch andere, die Negatives ausstrahlen. In »Die Lehren des Don Juan« erzählt der Zauberer dem Castaneda, daß jede Person einen eigenen Platz hat und ihn finden muß. Wenn er diesen Platz ausmachen kann, wird dieser ihn beschützen und ihm besondere Kräfte verleihen. In ihren Büchern spricht Alice A. Bailey von besonderen Plätzen auf der Erde. Diese Plätze wären Teil eines großen Energiefeld-Systems, das sich über die ganze Erde erstreckt. Sie bilden sich an den Stellen, an denen sich starke Energiefelder überschneiden und Wirbel bilden.

Über diese Energienetze schreibt John Mitchell in seinem Buch

»The View Over Atlantis«: »Wir können zwei Schlüsse aus dem ziehen, was wir von den wissenschaftlichen Methoden wissen, die von den Meistern der alten Welt praktiziert wurde. Erstens: Sie wußten von der Existenz einer Kraft oder Strömung, die uns unbekannt ist, und besaßen eine Form der Naturwissenschaft, mit der sie diese Kräfte beeinflussen konnten. Zweitens: Über hiermit verbundene Mittel gewannen sie direkte Einsichten in grundlegende Fragen der Philosophie, das Wesen Gottes und des Universums und die Beziehung zwischen Leben und Tod.«

Wenn ein wildes Tier einen besonderen Platz sucht, um sich eine Höhle oder ein Nest zu bauen, bemerkt es dann vielleicht diese Energiefelder? Menschen scheinen etwas davon zu merken, wenn sie sagen, daß ein bestimmtes Haus oder ein bestimmter Platz »gute Schwingungen« hat oder ein anderer Platz »schlechte«. Jeder, der mit Haustieren lebt, weiß, daß ein Tier manchmal den Platz zurückweist, den man ihm als Ruheplatz ausgesucht hat. Es wird eine andere Stelle suchen oder sein Kissen oder Fell an einen anderen Ort schleppen, obwohl der erste Platz menschlichen Augen vielleicht komfortabler erscheint. Ich hatte einmal einen Hund, der sein neues Hundehaus zurückwies. Ich dachte zunächst, daß er das Stroh, das ich für sein Bett benutzt hatte, nicht mochte. Deshalb wechselte ich es. Aber das war es nicht, deshalb versuchte ich wieder etwas anderes. Schließlich merkte ich, daß er sich immer an einen bestimmten Platz innerhalb seines Gatters legte. Ich stellte das Hundehaus dorthin, und alles war in Ordnung.

Diese Sensibilität wird auch von Lyall Watson in seinem Buch »Super Nature« erwähnt: »Natürlicherweise wird der Ruheplatz sorgfältig ausgewählt. Man achtet auf Wärme, Schutz vor Regen und Sicherheit vor Feinden. Aber oft wählt ein Tier einen Platz, auf denen diese Voraussetzungen bei weitem weniger zutreffen als auf einem Platz direkt daneben. Haushunde und -katzen zeigen das gleiche Verhalten, und ihre Besitzer wissen genau, daß man da keine Entscheidung für das Tier treffen soll. Man sollte besser warten, bis das Tier seinen eigenen Platz sucht, und dann den Schlafkorb dorthin stellen. Es gibt einige Stellen, auf denen das Tier unter gar keinen Umständen liegen will.«

Der große schwarze Labradorhund eines Freundes zeigte mir an seinem Verhalten, daß die Pyramide auch dann ein Feld hinterläßt, wenn sie fortgestellt wurde. Dieser Freund hatte am äußersten Ende seines Grundstücks eine Pyramide errichtet und sie nach mehreren Monaten näher an sein Haus herangestellt. Der Hund hatte nicht in die Pyramide hineingedurft, aber trotzdem blieb der Labradorhund mehrere Stunden am Tag genau an der Stelle liegen, wo die Pyramide gestanden hatte, bevor sie weggeschoben worden war.

Vielleicht sind einige Zootiere nicht nur wegen der auf der Hand liegenden Gründe ihrer Gefangenschaft so ruhelos, sondern auch, weil sie auf den schmalen, ihnen zugewiesenen Raum nicht den richtigen Platz finden können. Möglicherweise wären sie zufriedener, wenn sie eine Pyramide hätten, in der sie schlafen oder einige Zeit verbringen könnten. Eine immer größere Zahl Leute bauen oder planen ein Pyramidenhaus. Sie sind davon überzeugt, daß der Raum innerhalb der Pyramide über besondere Eigenschaften verfügt, die ihre häusliche Ruhe verstärken. Ihr Glaube ist größtenteils dadurch bestärkt worden, daß sie die Gesundheit und die Fröhlichkeit von Tieren in solchen Gebäuden beobachtet haben. Vielleicht haben unsere vierfüßigen Freunde eine neue Richtung in der Bauindustrie eingeleitet.

Mit unseren Fragen, unserer Mathematik, unseren Reagenzgläsern und Mikroskopen haben wir eine ganze Menge über unsere Welt gelernt. Aber vielleicht wissen die anderen Tiere auf eine Art und Weise etwas von dieser Erde, die wir niemals gelernt oder irgendwann vergessen haben. Wieviel mehr könnten wir verstehen, wenn wir beide Wissenswege zusammenlegen könnten? Vielleicht liegt hier der Grund, warum die alten Baumeister die Sphinx, die Wächterin der verborgenen Weisheiten der Gizaebene, gleichzeitig als Mensch und als Tier meißelten?

6 Die geheimnisvollen kosmischen Uhren der Tiere

Als ich vor einigen Jahren noch in Denver lebte, teilte mein Nachbar seinen kleinen Bungalow mit einem großen schwarzen Kater. Er hieß Henry. Mein Nachbar war Witwer und hatte nicht viel Interesse an Gesprächen. Aber sein Kater wurde ganz gesellig, wenn er mit Leuten zusammen war. Vielleicht langweilte sich Henry in seinem eigenen Heim ohne diesen anregenden Austausch. Jedenfalls verbrachte er seine Vormittage damit, Besuche abzustatten.

Henry kam pünktlich um sieben Uhr an meine Tür. Ich weiß nicht, warum gerade zu dieser Zeit. Vielleicht wußte er, daß ich um diese Zeit eine Tasse Kaffee trank und wach genug war, um gegenüber einem Gesprächspartner höflich zu sein. Wenn er länger gewartet hätte, wäre ich umhergerannt und hätte mich zur Arbeit fertiggemacht. Und Henry mochte es nicht, wenn man ihn übersah. Wenn man das versuchte, sprang er einem auf den Schoß und stieß so lange mit seinem Kopf gegen den Kopf des Menschen, bis man von ihm Notiz nahm.

Ungefähr zehn Minuten nach sieben beendete Henry unsere Unterhaltung und tapste zur Tür, damit er ja nicht sein nächstes Treffen versäumte. Ich hörte von Nachbarn, daß er auch bei ihnen pünktlich eintraf. Irgendwie hatte er herausbekommen oder wußte bereits, wann für ihn die günstigste Zeit war.

Eine der spannendsten Seiten von Henrys Zeitgefühl war jedoch sein Besuch des örtlichen Auktionsgebäudes. Es stand ungefähr zwei Häuserblocks entfernt, und jeden Donnerstag abend um sieben Uhr versammelten sich die Leute, um Möbel, Geräte, Werkzeug usw. zu verkaufen. Henry verpaßte niemals dieses allwöchentliche Fest. Er wußte genau, wann Donnerstag war, und er wurde dabei nicht etwa von der heranströmenden Menge angezogen, denn er kam bereits fünfzehn Minuten vor den Leuten. Er setzte sich dann auf ein hölzernes Aktenhäuschen und beobachtete von da aus alles ganz genau.

In dem Kapitel über Missie, dem hellsichtigen Terrier, habe ich von Missies Fähigkeit berichtet, genau die Zeit zu nennen und den genauen Zeitpunkt ihres eigenen Todes zu prophezeien. Mildred Proberts Hund aus Denver ist sicherlich ein ganz unüblicher Fall, aber es scheint immer offensichtlicher zu sein, daß alle Lebensformen vom kosmischen Zusammenhang wissen und von seiner Uhrzeit, die die Zyklen ihres Schicksals angibt.

Vincent und Margaret Gaddis schreiben in ihrem Buch »The Strange World of Animals and Pets«: »Alle lebenden Organismen leben in dem pulsierenden Meer der Energien, die als Empfänger, Transformatoren und Projektoren dienen. Es gibt ein universales elektrisches Feld, das alles Lebendige beeinflußt, während umgekehrt auch alles Lebendige dieses Feld beeinflußt. So ist jedes menschliche Wesen, jedes Tier und jede Pflanze mit allem anderen Leben verbunden, genauso mit dem irdischen Magnetfeld und darüber hinaus mit den Veränderungen in den elektrischen Feldern von Mond und Sonne ... Wir sind alle Teil des universalen Ganzen, Kameraden im Kosmos, und reagieren auf die endlose Abfolge von Ebbe und Flut im Kosmos. Und es gibt noch andere Stimmen aus dieser Tiefe, die in Sprachen reden, die den Menschen noch unbekannt sind.«

Diese Idee eines pulsierenden Energiemeeres, in das alles eingeschlossen ist, ist nicht neu. Die alten Chinesen behaupteten, daß die Menschen über eine vitale Energie mit dem Kosmos verbunden sind. Und diese Energie fülle das ganze Universum. In Indien nennen sie diese Kraft »prana«, alles wäre in sie eingeschlossen. Mesmer nennt sie tierischen Magnetismus. Reichenbach spricht von Od-Kraft. Keely nennt sie bewegende Kraft. Blondot spricht von N-Strahlen. Sowjetische Wissenschaftler haben sie als bioplasmische Energie bezeichnet und tschechische als psychotronische Energie. Man benutzt verschiedene Namen, in den Charakteristika dieser Energie scheint man aber übereinzustimmen. Ich habe hier davon gesprochen, weil größeres Wissen über die neu entdeckten Energiefelder und ihr Verhalten uns vielleicht die Möglichkeit bietet, über die Geheimnisse der kosmischen Uhren mehr zu erfahren, die so viele Lebensformen wahrzunehmen scheinen.

Die tschechischen Wissenschaftler Zdenek Rejdak und Karl Drbal schrieben: »Menschliche Wesen und alles Lebendige sind mit einer Art Energie erfüllt, die bis kürzlich in der westlichen Wissenschaft nicht bekannt war. Diese Bioenergie, die wir psychotronische Energie nennen, scheint hinter PK zu stecken; sie ist vielleicht das Geheimnis der Wünschelruten. Sie hat vielleicht mit allem psychischen Geschehen zu tun.«

Die universale Natur des Energiefeldes liegt schon deshalb nahe, weil es von allen Lebewesen geteilt wird. Dieser Charakter wurde zum erstenmal in den recht unüblichen Experimenten Cleve Backsters aufgewiesen, des Gründers der »School of Lie Detection« in New York. Backster ist ein anerkannter Polygraph-Experte. Über eine Reihe sorgfältig geplanter Experimente zeigte er, daß Pflanzen auf die Gedanken, Gefühle und Handlungen der Menschen um sie herum antworten. Der Tod lebender Wesen, zum Beispiel von Krabben oder Fischen, in der Nähe der Pflanzen ruft eine intensive Reaktion auf dem Polygraphen hervor. Backster: »Dies scheint auf eine Art Primär-Wahrnehmung oder -Bewußtsein in jeder lebenden Zelle hinzudeuten.«

Im biologischen Bereich haben H.S. Burr und F.C. Northrup seit 1930 die vitalen Energien der Organismen genau untersucht. Sie nahmen an, daß es in den lebenden Organismen irgendeine Kraft gibt, die sie befähigt, den vielschichtigen chemischen Austausch, der biologische Prozesse begleitet, zu steuern, zu organisieren und zusammenzuhalten. Burr und Northrup haben eine Reihe von Aufsätzen veröffentlicht, die sich mit diesen Feldern in primitiven Organismen, aber auch in Bäumen und Tieren beschäftigen.

In einer Monographie (»The Energy Field in Man and Nature«) schrieb der New Yorker Psychiater: »In der Natur gibt es verschiedene Einzeller; etwa Bakterien und Schwämme, und auch mehrzellige Strukturen; etwa Geißeltierchen, Schwämme, Fische und Leuchtkäfer, die Licht aussenden und beleuchten können, ein Ergebnis ihrer inneren Bewegungen und Prozesse. Bei höheren Organismen ist bekannt, daß Lebensprozesse wie etwa Zellkernteilung, Oxidation und andere Stoffwechselprozesse von Leuchtvorgängen begleitet sind. Lebende Organismen können auf ihrer ganzen Körperoberfläche Licht aussenden; sie haben ihre Leuchtfähigkeit nicht verloren. Dieses Phänomen macht das Energiefeld, die Aura, aus, die in der Tat ein Reflex der Energien des Lebensprozesses ist . . . Das Feldphänomen gehört zu einer anderen Dimension. Hier geht es um Erscheinungen von Energie, die die physischen Gegebenheiten überschreiten. Obwohl sie mit der Struktur und der Materie des Körpers verbunden sind, besitzen sie ihre eigenen Gesetze pulsierender Bewegung und Vibration, die wir noch nicht verstehen.«

Vielleicht ist dieses von allen Lebewesen geteilte Energiefeld letztlich Bewußtsein, wie wir oben schon überlegt haben. Diese innere Verbindung von allem mit allem (ob man das nun als Energie oder als Bewußtsein bezeichnet) schlägt zwischen allem Lebendigem eine Brücke. Auf einer bestimmten Stufe der Wahrnehmung, oberhalb oder unterhalb bewußten Denkens, nehmen alle Lebensformen ihr

Universum wahr, Gravitationskräfte, magnetische Felder, Lichtwellen, elektromagnetische Kräfte, Energiefelder, Bewegungen der Planeten, Sonneneruptionen usw., alle vielfältigen und größtenteils unsichtbaren Kräfte, die ein Wissen um Stunde und Jahreszeiten auslösen.

Vor einer Reihe von Jahren gab es im »State Hospital and Training Center« für geistig Zurückgebliebene in Wienfield (Kansas) einen Patienten, der ein As darin war, die Uhrzeit mitzuteilen. Dieser Patient war so schwer zurückgeblieben, daß er selbst mit den einfachsten Lebensanforderungen nicht fertig wurde. Trotzdem konnte man ihn zu jeder Tages- und Nachtzeit nach der Uhrzeit fragen, und er konnte ohne einen Blick auf eine Uhr antworten.

Der Sohn eines nahen Freundes besaß dieselbe Fähigkeit. In seinen ersten zehn Lebensjahren hatte er entdeckt, daß er die Uhrzeit ohne einen Blick auf eine Uhr sagen konnte. Er war ein aufgeweckter und kluger Junge und versuchte seine Fähigkeiten an Kilometerzählern. Ohne ein Hilfsmittel und ohne im voraus zu wissen, wieviel das Familienauto benutzt würde, konnte er genau den Kilometerstand für jeden zukünftigen Tag voraussagen. Er wußte selber nicht, wie er das konnte, aber er nahm an, daß irgendeine kosmische Intelligenz alle Antworten wußte und er nur einfach irgendwie dieser Quelle folgte.

Diese Übereinstimmung mit dem Welt-Geist könnte erklären, woher ein Hund den Samstag von anderen Wochentagen unterscheiden könnte. Der Novellist Francis Parkinson Keyes erzählt die Geschichte von Zip, einem Bullterrier, der dem städtischen Schatzmeister von Baton Rouge (Louisiana) gehörte. Zip durfte im Geschäftsviertel der Stadt, in City Hall, umherrennen, und besonders gern fuhr er oben auf dem Verdeck des Wagens seines Herrn. Dann begannen sich die Leute über die zu vielen Hunde zu beklagen, die frei in der Stadt herumliefen, und die Stadtväter verließen eine Verordnung, um die Hunde von der Straße fernzuhalten. Sie stellten einen Hundefänger ein, um streunende Hunde einzufangen.

Zufälligerweise war Zip einer der ersten Hunde, die man auflas. Er verbrachte die Nacht in einem Stall und wurde dann am folgenden Tag von seinem Herrn geholt. Um weitere Probleme zu vermeiden, wurde Zip zu einer Farm gebracht, die mehrere Meilen entfernt auf dem Land lag. Er sollte angekettet werden, allerdings fütterte der Farmer ihn gut und pflegte ihn. Zipp akzeptierte diese Sorge um ihn, bis es Samstag wurde. Das ganze Wochenende über heulte er und zerrte an seiner Kette, um freizukommen. Am Montag war er wieder völlig zufrieden, aber am nächsten Samstag geschah wieder das gleiche. Der Farmer rief den Schatzmeister an, und sie kamen zu dem Schluß, daß der Hund wußte, wann es Samstag war. Das war der Tag, an dem Zip meistens mit seinem Herrn umherfahren durfte. Da der Hundefänger nicht mehr arbeitete, entschlossen sich die beiden Männer, den Hund an Wochenenden freizulassen, damit er an seine alten Stammplätze zurückkehren konnte.

Am folgenden Samstag wurde Zip losgebunden, und gegen Mittag verschwand er und war auch Sonntag nacht noch nicht wieder zurück. Aber Montag früh war er wieder auf die Farm zurückgekehrt, mit einem Begrüßungsgebell. Da er so seine vertrauenswürdigkeit bewiesen hatte, durfte Zip jetzt frei auf der Farm umherrennen. Die ganze Woche über half er mit, das Vieh zu treiben, diente als Wachhund und begleitete den Farmer. Aber samstags lief er zur Stadt und kam meist gegen drei Uhr nachmittags am Haus seines Herrn an. Das ganze Wochenende über blieb er in der Stadt, aber war pünktlich kurz nach Tagesanbruch auf der Farm zurück. Mrs. Keynes berichtet, daß sich diese Gewohnheit über Jahre hielt.

In seinem Buch »The Sixth Sense of Animals« berichtet Maurice Burton, daß es in London eine bestimmte Straßenecke gibt, an der man jeden Donnerstag mittag einen Mann mit einer Karre Katzenfleisch traf. Er zerlegte das Fleisch und lieferte es an die umliegenden Häuser. Die übriggebliebenen Stücke wurden den Katzen vorgeworfen, die sich versammelt hatten. Jeden Donnerstag konnte man nun beobachten, wie die Katzen kurz vor Mittag ankamen und schon das Fest vorhersahen, das sie erwartete. Mehr als ein Dutzend Katzen war zu sehen, und sie saßen zusammen auf dem Bordstein und warteten auf ihren Wohltäter. Niemals versammelten sich die Katzen an einem anderen Tag.

Solche Geschichten haben Tierbesitzer davon überzeugt, daß Tiere einen Zeitsinn besitzen, und haben die Wissenschaftler dazu gebracht, nach einer Art biologischer Uhr zu suchen. Der Mensch hat schon lange beobachtet, daß es einen Rhythmus gibt, der mit der Erddrehung verbunden ist: Das Verhalten von Pflanzen und Tieren richtet sich nach der Tageszeit und nach den Jahreszeiten. Vor mehr als zweitausend Jahren hat Androsthenes beobachtet, daß die Blätter bestimmter Pflanzen bestimmten täglich ablaufenden Mustern folgen. Und Aristoteles fand heraus, daß die Fruchtknoten der Seeigel während des Vollmonds wachsen.

Die grundlegende biologische Uhr folgt aus dem (mehr oder weniger) 24-Stunden-Rhythmus. Er wird auch »circadian«-Rhythmus genannt und umfaßt ungefähr einen Tag. Bei den verschiedenen Lebensformen variiert der Rhythmus zwischen 22 und 25 Stunden. Er kann in mehr als zwanzig Lebensprozessen bestimmter Tiere beobachtet werden. Bienen z. B. kehren jeden Tag fast zur selben Zeit zu einem Futterplatz zurück. Die kalifornischen Ährenfische folgen von April bis den ganzen Juni über nachts den Wellen auf den Strand: Das ist genau die Zeit, nachdem die Gezeiten ihren monatlichen Gipfel erreicht haben. Die Fische hinterlassen ihre Eier im Sand, und in dieser Zeit kann sich der Baby-Fisch über einen Monat lang entwickeln, ohne von der Brandung in die See geschwemmt zu werden.

Jedes Meereslebewesen bemerkt den Rhythmus der See. Ein kleiner Plattwurm zum Beispiel lebt in einer Symbiose mit grünen Algen, und bei Ebbe kommt er immer aus dem Sand heraus und setzt sein Grün der Sonne aus. Rachel Carson (»The Sea Around Us«) nahm einige von diesen Würmern mit in ein Laboratorium und beschrieb ihre Anpassung an den Gezeitenrhythmus: »Jeden Tag kam Convoluta zweimal aus dem Sand auf dem Boden des Aquariums in das Sonnenlicht heraus. Und zweimal jeden Tag sank sie wieder auf den Grund. Ohne ein Hirn, oder das, was wir Gedächtnis nennen, oder auch nur ein klares Wahrnehmungsvermögen, lebte Convoluta ihr Leben an diesem fremden Platz weiter. In jeder Faser ihres kleinen grünen Körpers erinnerte sie sich an den Gezeitenrhythmus der fernen See.«

Die meisten Meerestiere werden in Laboratorien beobachtet, die nahe der See liegen. Aber ein Erforscher natürlicher Rhythmen lebt ungefähr 1000 Meilen vom Ozean entfernt in Evanston (Illinois), einem Vorort vob Chicago. Der Biologe Lyall Watson berichtet in »Supernature«, daß Frank Brown 1954 mit Austern begann. Er fand heraus, daß sie einen ausgeprägten Gezeitenrhythmus besaßen. Während der Flut öffneten die Austern ihre Schalen, um zu fressen; während der Ebbe schlossen sie sie dann, um Schaden und Austrocknen zu vermeiden. Sogar in dem Vorort Chicagos fuhren die Austern fort, sich an den Gezeitenrhythmus an der Küste Connecticuts zu erinnern.

Nach zwei Wochen entdeckte Brown allerdings, daß sich der Rhythmus etwas veränderte. Die Austern öffneten und schlossen sich nicht mehr entsprechend den Gezeiten ihres heimatlichen Strandes. Er berichtete darüber in seinem Aufsatz »Persistent Activity Rhythmus in the Oyster«, der im »American Journal of Physiology« veröffentlicht wurde. Erstaunlich war, daß alle Austern ihren Rhythmus im selben Ausmaß verändert hatten und sich zeitlich genau gleich verhielten. Schließlich löste Brown das Rätsel. Er rechnete nach und bekam heraus, daß die Austern sich genau dann öffneten, wenn die Flut Evanston überschwemmt hätte, wenn es am Meer liegen würde – statt am Ufer des Michigan-Sees, fast sechshundert Fuß über dem Meeresspiegel.

Brown vermutete, daß die Zeitunterschiede beim Sonnenaufgang und -untergang den Austern einen Fingerzeig gaben. Aber dann merkte er, daß es nichts ausmachte, wenn man die Austern in dunklen Behältern hielt, nachdem sie das Meer verlassen hatten.

Die Winkerkrabbe zeigt eine eigene Reaktion auf den Gezeitenrhythmus. Die Krabbe ist dunkler, wenn man sie zuerst in niedriges Wasser setzt, bei Flut wird sie dann heller. Dieser Wechsel geht auch im Aquarium weiter, und man nimmt an, daß er aus der Ausdehnung und Zusammenziehung der Pigmentzellen in der Haut folgt. Man hat der Krabbe Stücke von Haut entnommen, die Pigmentzellen enthielten, und hat sie eine Weile am Leben erhalten: Sie zeigten genau das gleiche Ausdehnen und Zusammenziehen und auch den Farbwechsel entsprechend den Gezeiten. Dies scheint anzuzeigen, daß sogar einzelne Zellen eine Rolle bei diesem »Zeitprozeß« spielen, und unterstützt Backsters Annahme eines zellularen Bewußtseins. Die Sensibilität des Meereslebens gegenüber selbst geringsten Veränderungen ihrer Umgebung ist für alle Lebensformen von großer Bedeutung, auch für den Menschen. Der Hummer könnte sich als wirkungsvolles Frühwarnsystem bei Wasserverschmutzung herausstellen. Während ein großer Teil der Verschmutzung für jeden sichtbar ist, sind die längeren Auswirkungen, zum Beispiel die Verschmutzung durch Öl, weitgehend unbekannt.

Michael Schofield schrieb in seinem Aufsatz »The Smelly Factor« (»The Smithsonian«, August 1972, und »Intellectual Digest«, Februar 1973): »Es kann sehr schwer bemerkbare Auswirkungen geben, und an diesem Punkt wird der Hummer wichtig, der wie ein übergroßes, bewaffnetes Insekt auf dem Grund umherkrabbelt. Man nimmt allgemein an, daß auch geringe Ölmengen, weit unter der »Giftschwelle«, die vielschichtige Umgebung dieser Meeresorganismen, in der sie fressen, umherwandern und brüten, schwer stören.«

Schofield berichtete über die Arbeit zweier Ozeanographen am »Woods Hole Oceanographic« Institut am Cape Cod. Schon seit Jahren hatten John Todd und Jelle Atema Kommunikation zwischen Tieren untersucht. Sie hatten dabei gelernt, daß auch minimale Mengen fremder Substanz das Verhalten des Meereslebens entscheidend beeinflussen können. Die Wissenschaftler legten in Kerosin getränkte Steine in den Hummerbehälter. »Die Hummer steigerten manchmal ihre Aggression oder zogen sich zurück, und manchmal säuberten sie sich geradezu zwanghaft. Als man ein paar Tropfen Kerosin oder Öl in den Tank füllte, aß ein Hummer eine ganze Woche lang nicht . . .«

In seinen Schlußbemerkungen bedauert Schofield den Mangel an Wissen über die Auswirkungen der Verschmutzung: ». . . Auswirkungen, die nicht gesehen werden, weil sie unsichtbar und uns deshalb weit, weit entfernt sind. Aber viel unmittelbarer ist der Anblick eines zu klein gebliebenen Hummers im Laboratorium in Woods Hole, der ganz hinten in einem wassergefüllten Tank umherkriecht und nichts mehr fressen will. So kann die Bewegung (oder auch sein Fehlen) eines dünnen sensiblen Haares, das mit einem unendlich kleinen Ölmolekül konfrontiert wird, für die Menschheit ungeheuer wichtig sein.«

Die Art und Weise, in der verschiedene Lebensformen auf ihre Umwelt reagieren (über mechanische, chemische, elektrische oder völlig unbekannte Mittel), ist offensichtlich kein akademisches Problem. Wenn die Wahrnehmungsmöglichkeiten eines Tieres gestört werden, werden auch sein Verhalten und seine Lebenschancen davon berührt. Ich erinnere an Berichte über Bären in Nationalparks, die sich gegenüber Besuchern aggressiv verhielten, und über Haifische, die mit einer seltenen Bösartigkeit Menschen angriffen. Wenn ein Hummer durch einige Tropfen fremden Materials unnatürlich aggressiv wird, so fragt man sich, ob Umweltverschmutzung oder das Bombardement mit allen Arten von Radiowellen nicht auch das Verhalten einiger Tiere mitbestimmt. Nur wenige Dinge scheinen die Übereinstimmung der Tiere mit ihrer biologischen Uhr zu verändern. Wenn das allerdings doch geschieht, welche Veränderungen erwarten wir dann im Tierreich? In diesem Punkt sind auch die Menschen ein Teil dieses Reiches, und bevor wir weitergehen, sollten wir darüber nachdenken, im welchem Ausmaß Umweltverschmutzung (über chemische, elektrische oder welche Mittel auch immer) unsere Gesundheit und unser Verhalten beeinflußt. Hier sollten wir wieder von der neuen Physik ausgehen, daß im Universum alles miteinander verbunden und nichts isoliert ist. Da wir Menschen sind, ist unser Wohlergehen von der Natur nicht unabhängig. Die Untersuchung der biologischen Uhren überzeugt uns davon, daß die verschiedenen Lebensformen in den Gedanken, den Herzschlägen und dem Atem des Universums miteinander verbunden sind.

Die Abstimmung mit einer kosmischen Uhr kann auch an Singvögeln gezeigt werden. Für eine Studie, die Anfang 1960 in Freiburg durchgeführt wurde, waren eine Anzahl Singvögel in schalldichte Kammern gesperrt worden. Diese Kammern wurden künstlich beleuchtet, um einen dauernden Sommer zu simulieren. Die Singvögel bleiben in Europa nur den Sommer über, und wenn sie frei gewesen wären, würden sie im Herbst nach Afrika fliegen. Obwohl die Singvögel aus keinem Zeichen den Beginn des Herbstes entnehmen konnten, wurden sie am Ende des Sommers doch unruhig. Sie liefen ununterbrochen in ihren Käfigen umher und blieben einen großen Teil der Nacht wach. Wenn sie hätten wegfliegen können, wären sie normalerweise auch während der Reise nach Afrika nachts wach geblieben. Der Forscher E.G.F. Sauer berichtet, daß die Unruhe der Singvögel so lange andauerte, wie sie Zeit für ihren Flug nach Afrika gebraucht hätten. Danach wurden die Vögel ruhig, schienen zufrieden zu sein, und nachts schliefen sie. Aber als es in Europa Frühling wurde, waren die Vögel wieder so lange unruhig, wie sie für ihre Rückreise gebraucht hätten. Die biologischen Uhren der Singvögel stimmten offensichtlich mit einem inneren Rhythmus überein.

Man fand heraus, daß Rotkehlchen ihre biologischen Uhren innerhalb von drei Tagen wieder richtig setzen können. Der Biologe John D. Palmer berichtete in der Märzausgabe (1966) von »Natural History«, daß Rotkehlchen von Sonnenaufgang bis Sonnenuntergang aktiv sind und nachts schlafen. Wenn die Vögel in ein Laboratorium gesetzt werden, das nachts erleuchtet und tagsüber verdunkelt ist, werden sich die Rotkehlchen bald anpassen. Wenn man ein gefangenes Rotkehlchen in eine isolierte Kammer setzt, in der man auf gleichbleibendes Zwielicht und konstante Temperatur achtet, wird der Vogel sich auch an einen Rhythmus halten, der den Vögeln in Freiheit fast genau entspricht. Solche Aktivitäten eines biologischen Rhythmus können nicht in den bekannten Begriffen der Chemie oder Physik erklärt werden. Man hat herausgefunden, daß Stoffwechselprozesse durch Temperaturveränderungen verlangsamt oder beschleunigt werden, aber der Gang der inneren Uhr scheint von der Temperatur unabhängig zu sein.

Erstaunlich sind die ungeheueren Entfernungen, die die arktische Seeschwalbe zurücklegt. Dieser Vogel unternimmt jährlich Reisen zwischen der Arktis und der Antarktis über 22 000 Meilen hinweg. Er kommt im hohen Norden am 15. Juni an und fliegt am 25. August wieder fort. Die Goldamsel kommt in der nördlichen Hemispäre sechs

Wochen vor der Sommersonnenwende an und fliegt sechs Wochen nach ihr wieder fort. Das bemerkenswerte Zeitgefühl der Schwalben machte die Mission von San Juan Capistrano in Kalifornien berühmt. Der Schwarm kam aus Zentralamerika und erreicht die Mission immer am 19. März, dem Tag des Hl. Joseph. Die Bewohner von Medina (Ohio) behaupten, daß ein Schwarm von mehreren Dutzend »turkey buzzards« jedes Jahr am 15. März im nahen Hinckley Ridge ankommen, – und das seit 1810.

Ein anderes Beispiel für dieses Zeitgefühl gibt ein anderer Vogel, der Sturmtaucher. Während eines einzigen Abends im November kommen Millionen dieser Vögel auf Inseln vor Australien an. Diese Invasion ist in weniger als einer halben Stunde beendet, obwohl die Vögel aus weit entfernten Gegenden kommen: Nordpazifik, Beringstraße, Japan und Britisch Kolumbia.

John T. Emlen und Richard L. Penny berichten in der Oktoberausgabe (1966) des »Scientific American« über ihre Untersuchungen bei Pinguinen in der Antarktis. Diese nichtfliegenden Vögel reisen Hunderte Meilen über für uns konturlose Land- und Seestrecken. Emlen und Penny folgten dem Weg der Pinguine über Tausende Meilen und fanden heraus, daß die Tiere bei trübem Wetter etwas verwirrt waren, an klaren Tagen sich aber strikt an ihren Weg hielten. Man schloß, daß die Vögel die Sonne als Kompaß benutzten. Dazu mußten sie die Bewegung der Sonne am Himmel berücksichtigen. Offensichtlich berichtigten die biologischen Uhren der Pinguine die Flugrichtung, wenn der Tag fortschritt. Die Wissenschaftler erklären, daß diese Uhren sich umstellen können, wenn die Pinguine gefangen und an fremden Orten und in verschiedenen Jahreszeiten freigelassen würden.

Einige Vögel benutzen also eine Sonnen-Navigation, aber andere wiederum nicht. Untersuchungen zeigen an, daß Vögel nicht immer die gleichen Systeme benutzen. In seinem Buch »The Migrations of Birds« schreibt Dr. Jean Dorst vom Nationalen Museum für Naturgeschichte in Paris: »Es ist sicher, daß Vögel nicht einen besonderen Orientierungssinn benutzen, aber zur Orientierung gehören ganz verschiedene Fähigkeiten, und sie sind nur schwer voneinander zu unterscheiden.«

Es ist schon gesagt worden, daß weder ein Vogel noch ein Mensch sich von einem Platz zu einem anderen nur mit Hilfe des Kompasses bewegen kann. Eine abgestimmte Navigation braucht ein Äquivalent, wie zum Beispiel eine Landkarte, mit der der Mensch oder ein anderes

Tier das Ziel in bezug auf die augenblickliche Position bestimmen kann. Die Gaddis erklären, daß die meisten Rotkehlchen in den USA innerhalb eines Radius von fünf Meilen um ihre nördliche Heimat aus dem vorigen Jahr zurückkehren. Andere Vögel kehren Jahr für Jahr zu denselben Bäumen zurück – nach Flügen über zweitausend Meilen. Die Alaskamöwe und der westkanadische Strandläufer fliegen Tausende Meilen über ein Meer ohne jede Spuren zu dem kleinen Ziel Hawaii. 1931 flog eine Brieftaube von Arras in Frankreich bis zu ihrem Heim nach Saigon in Vietnam, eine Strecke von 7200 Meilen.

Welche Theorien wir uns auch überlegen, um die Navigationstalente von Vögeln und anderen Tieren zu erklären, wir müssen dabei berücksichtigen, daß Brieftauben schliefen, in verdeckten Käfigen gehalten und nachts freigelassen wurden, sie fanden trotzdem nach Hause – auch wenn ihre Flügel gebrochen oder sie Federn in einem Sturm verloren hatten, kamen sie wieder zurück. Dr. Lester Tarkington vom IBM Systems Research Institut glaubt, daß Vögel sich über Magnetfelder zurechtfinden. Auf einer Rede vor einer Versammlung der »American Association for the Advancement of Science« in Montreal (1964) vertrat D. Tarkington die These, daß bestimmte Zellen in den Augen der Vögel sie befähigen, Abweichungen des irdischen Magnetfeldes zu bemerken. Er vermutete, daß die Struktur und die Orientierungsmöglichkeit dieser Zelle aus ihr ein ideales Miniaturinstrument macht, um induzierte Mikrospannungen aufzuspüren. Wenn diese Theorie richtig ist, dann sucht ein Vogel nach geomagnetischen Kräften und erhält so ein bestimmtes Muster, das ihn befähigt, entlang bestimmter Linien zu fliegen.

Die meisten Vögel, Reptilien und einige Fische besitzen diese Zellen (Pektin), die Theorie einer geomagnetischen Navigation erscheint deshalb einsichtig. Trotzdem kann auch diese Theorie nicht erklären, wie »Monarch«-Schmetterlinge Ziele ausmachen können, die 1500 Meilen entfernt sind, oder wie bestimmte Schildkröten sich zurechtfinden, um über fast 1500 Meilen von Brasilien zu der kleinen Insel Ascension zu schwimmen oder woher eine Katze die genaue Tageszeit kennt.

Willie war eine solche zeit-bewußte Katze. Den größten Teil ihrer Zeit kümmerte sie sich nicht um irgendwelche Zeitpläne, sie lief den ganzen Tag umher, und es war ihr egal, wann sie aß. Aber Montagabend war das alles anders, so berichtete D. Gustav Eckstein, ein Psychologe an der Universität von Cincinnati. Dr. Eckstein schrieb in seinem Buch »Everyday Miracle«, daß Willie sein Futter am Montagabend pünktlich um 7.30 Uhr haben wollte. Fünfzehn Minuten hetzte er am Häuserblock entlang, machte an der Ampel eine Pause und rannte dann noch mehrere Häuserblocks weiter zu einem Krankenhaus. Dort sprang er auf ein Fensterbrett und verbrachte die nächsten zwei Stunden damit, eine Gruppe von Frauen zu beobachten, die im Eßraum der Schwestern Bingo spielten.

Dr. Eckstein folgte Willie an drei aufeinanderfolgenden Montagen. Er schrieb: »Die Katze weiß, wann Montag ist. Die Katze weiß, wann es 7.45 Uhr ist. Ich dachte, daß es da Futter gab, aber ich sah kein Futter. Oder eine Katzenversammlung, aber ich sah keine Katzen. Er war hier, genau um diese Uhrzeit, um zu hören und zu sehen, wie Frauen Bingo spielen.

In »Just a Mutt« erzählt Eldon Roark die Geschichte von Gyp, einem Schäferhund, der von Herbert Neff aus Knoxville (Tennessee) als Kleintier gekauft worden war. Als den Neffs ein zweites Baby geboren wurde, wanderte Gyp aus und wurde monatelang nicht mehr gesehen. Am Weihnachtsabend hörten die Neffs vor der Tür ein Winseln, Gyp war wieder zurück. Das Fest machte ihm Spaß, er saß neben dem Weihnachtsbaum, nahm an allem in der Familie teil und bekam vom Truthahn seinen Anteil. Am nächsten Tag war Gyp wieder fort, aber Jahr für Jahr besuchte er die Neffs zu Weihnachten. Sie wußten nicht im geringsten, wo er das übrige Jahr verbrachte oder woher er wußte, daß es Weihnachtsabend war: Zehn Jahre versäumte er es niemals, zu kommen.

Als Gyp auch weiterhin Jahr für Jahr kam, machte eine örtliche Zeitung daraus eine Story, und Hunderte Leute im ganzen Land interessierten sich für den Hund. Sie riefen die Neffs an und fragten, ob Gyp wieder da wäre. Viele versuchten, die Spuren Gyps zu finden, nachdem er die Neffs verlassen hatte, aber niemand hatte Erfolg, bis Gyp elf Jahre alt war. Ein Reporter des »News-Sentinel« entdeckte schließlich, daß der Hund bei einem älteren Mann lebte, bei J. R. Jones. Er hatte die ganze Aufregung um seinen Hund gar nicht mitbekommen.

Im nächsten Jahr kam Gyp am Weihnachtsabend nicht zu den Neffs. Da er schon alt geworden war, dachten die Neffs, daß sich Gyp vielleicht entschlossen hätte, den Ausflug nicht zu unternehmen. Aber spät in der Weihnachtsnacht zeigte er sich bei den Wasserwerken von Knoxville, wo Mr. Neff Oberaufseher war. Die Nachtwachen ließen ihn ein. Sie machten ihm ein warmes Lager, und Neff brachte ihm etwas Truthahn. Neff dachte, es wäre für Gyp besser, noch eine Nacht zu bleiben, um sich auszuruhen, denn er war doch etwas schwach geworden. Gyp dachte darüber anders, er fand seinen Weg unter einem Zaun hindurch und kehrte zu dem alten Mr. Jones zurück.

In den folgenden Monaten wurde Gyp sehr schwach. Im November verbrachte ein Enkel von Mr. Jones, der vom Militär entlassen war, den Erntedanktag mit seinem Großvater. Gyp folgte ihm, als er zum nahen Bahnhof ging. Er kehrte nie zurück. Am Weihnachtsabend und am folgenden Tag hofften die Neffs und die Hundefreunde im ganzen Land, daß sich der alte Hund wieder zeigte, aber Gyp und sein geheimnisvoller innerer Kalender blieben verschwunden.

Die Wissenschaftler J. Aschoff und J. Meyer-Lohmann versuchten herauszufinden, wann im Leben eines Tieres diese biologische Uhr anfängt, zu ticken. Maurice Burton beschreibt diese Forschung in seinem Buch »The Sixth Sense of Animals«: Aschoff und Meyer-Lohmann setzten Küken, sobald sie ausgeschlüpft waren, in Käfige, in denen gleichbleibende Bedingungen herrschten. Es gab keinen Unterschied zwischen Tag und Nacht. Temperatur und Luftfeuchtigkeit wurden konstant gehalten. Zunächst bewegten sich die Küken nur wenig, aber dann wurden sie kräftiger und schließlich konnte man einen Rhythmus ausmachen. Als ihre Bewegungen intensiver wurden (zwischen dem dritten und dem elften Tag), entwickelte sich ein richtiger Tagesrhythmus, der sich über 25 Stunden erstreckte.

Andere als diese Tagesrhythmen können ausgemacht werden, bevor die Küken ausschlüpfen. Das Küken muß schon einige Zeit, bevor es ausschlüpft, atmen können. Dazu dringt Sauerstoff durch die Eierwand. Obwohl das Küken innerhalb des Eis nicht sehen kann, wird doch mehr Sauerstoff während des Tageslichts als in der Nacht verbraucht.

Teile der biologischen oder inneren Rhythmen scheinen chemischer Natur zu sein. Der international anerkannte Biologe Dr. Britton Chance kündigte im Dezember auf einer Rede vor der Versammlung der American Association for the Advancement of Science an, daß er einen chemischen 160-Sekunden-Zyklus in Zellen entdeckt hätte, der mit zwanzig biochemischen Reaktionen abgestimmt sei, einschließlich der Produktion von Energie.

Zu diesen biochemischen Vorgängen kommt noch, daß alle lebendigen Wesen elektrische Felder besitzen. Die Kraftfelder in den Organismen ändern Intensität und Polarität entsprechend biologischen und kosmologischen Ereignissen. Man hat herausgefunden, daß Zyklen eines Spannungswechsels mit Mondphasen übereinstimmen und daß Spitzenleistungen dann auftreten, wenn Neumond oder Vollmond ist. Tägliche Spannungen erreichen ihren Höhepunkt im Dezember, wenn die Sonne der Erde am nächsten steht, und ihren Tiefpunkt im Sommer.

Andere Zyklen neben den den Sonnen- oder Mondzyklen verlaufen täglich oder halbmonatlich. Die Veränderungen scheinen im Zusammenhang mit Fluktuationen im irdischen Magnetfeld zu stehen. Meistens werden Wechsel im Erdfeld durch Kräfte außerhalb der Erde verursacht, durch kosmische und Gammastrahlen, Sonnenexplosionen und andere elektromagnetische Wellen, die die Erde bombardieren.

Wissenschaftler konstruieren ein Bild, wie physiologische Rhythmen auf die Umgebung antworten. Watson: Manchmal intervenieren diese Tages- oder Jahreszyklen, »um Muster extremer Sensibilität herzustellen. Der Organismus kann damit auf jede Nuance seiner Umgebung antworten. Das ist, wie es sein sollte. Als Parasiten auf der Oberfläche unseres Planeten können wir nur dann wirklich erfolgreich sein, wenn wir seinen Pulsschlag spüren und lernen, mit dem Rhythmus seines tiefen, nicht gestörten Atems Schritt zu halten.«

»Dabei ist unser Wirt nicht allein. Die Erde selber wird von den galaktischen Winden geschüttelt und verändert und ist selber Kräften unterworfen, die aus einer noch weiteren Umgebung stammen. Unweigerlich gehen diese Kräfte durch uns hindurch, das irdische Leben lernt, im Rhythmus anderer Körper zu tanzen. Der intensivste Pulsschlag kommt natürlich von unseren nächsten Nachbarn.«

An einer anderen Stelle schreibt Watson (in »Supernature«): »Wir sehen die lebenden Organismen als Ganzheiten und vergessen allzu leicht, daß sie integrierte Gesellschaften einzelner Zellen sind und daß jede der Komponenten eine Menge mit allen anderen Zellen zu tun hat, nicht nur mit den Zellen in dem individuellen Wesen, sondern mit denen in jedem Organismus, der jemals lebte. Alexander Pope erkannte, daß »wir alle nur Teile eines erstaunlichen Ganzen, dessen körperliche Natur sind . . .«

Es scheint inzwischen gleichgültig zu sein, ob wir uns an die Wissenschaft, die Philosophie oder die Theologie halten, um Antworten über das Leben auf diesem Planeten zu bekommen. In den verschiedenen Disziplinen finden wir den gemeinsamen Gebrauch solcher Begriffe wie »Ganzheit«, »vereinheitlichte Synergie«, »Identität« usw., und eine übereinstimmende Theorie, daß alles Leben innerhalb einer pulsierenden See voller Energie oder Bewußtsein existiert.

Vincent und Margaret Gaddis sagen uns: »Wir alle, die wir leben, sind ein Teil eines universalen Ganzen, Kameraden im Kosmos, und antworten auf die endlose Abfolge von Ebbe und Flut im Universum. Und dann gibt es noch andere Stimmen aus der Tiefe, die in Sprachen reden, die den Menschen noch unbekannt sind.«

7 Die Propheten

Es ist schon oft gesagt worden, daß die Menschen meist die Propheten in ihrer Mitte ignorieren. Das bezieht sich sonst auf unsere Kurzsichtigkeit gegenüber menschlichen Sehern, aber der Satz kann sich ebensogut auf die Weisen unter den Tieren beziehen. Wenn Propheten schließlich anerkannt werden, erwarten wir von ihnen, daß sie die weisesten Lebewesen sind. Es wäre dann wohl etwas beschämend, daß die »niedrigeren« Mitglieder des Tierreiches über alles informiert sind, was um uns herum vorgeht, noch bevor wir selber es bemerken. Und doch haben Tiere (mit der Hilfe ihrer eigenen inneren Kristallkugel) Tausende Menschenleben gerettet: Sie sagten Erdbeben, Lawinen, Hurrikans, Sturmfluten und andere Katastrophen voraus. Sie haben dabei auch scheinbare Wunder vollbracht: Sie prophezeiten Bomben- und Artillerieangriffe, Feuersbrünste und Schiffsuntergänge. Sie sind besser als die meisten unserer Metereologen, wenn sie das Wetter vorhersagen. Und man hat sich schon oft ihrer psychischen Kräfte bedient, um Dinge vorauszusagen, die den Menschen zustoßen.

Es war im Jahre 1835 in Concepcion in Chile, um 10.30 Uhr, als der Himmel voller Seemöwen hing, die dauernd schrien. Um 11.30 Uhr ergriff die Pferde eine Panik, sie rannten umher und trampelten Zäune nieder, die Hunde hetzten aus den Häusern ins Freie. Um 11.40 Uhr wurde die Stadt durch ein Erdbeben in Trümmer gelegt.

Unmittelbar vor dem schweren Erdbeben, das 1964 Alaska erschütterte, waren die Tiere in den Zoos bis nach Seattle, so wird berichtet, sehr aufgeregt. Vor den Beben in Chile und Peru wurden Seemöwen beobachtet, die die Küste verließen und viele Meilen ins Meer hinausflogen.

Am 26. August 1963 zitierte die »Post« in Denver Dr. Edgar W. Spencer von der Washington und Lee-Universität. Er berichtete, daß vor dem Erdbeben im südöstlichen Montana die Vögel aus dem Bebenzentrum verschwunden wären, mehrere Stunden, bevor der erste Stoß bemerkt wurde.

Am 24. März 1969 berichtete der »UPI-Report on Soviet Studies«, daß eine Russin aus Taschkent ihr Leben während des sowjetischen Erdbebens von 1966 ihrem Spitz verdankte. Der Spitz zog sie nach draußen und dann vom Haus weiter fort, nur wenige Minuten bevor das Beben ihr Heim zerstörte. Ein Lehrer aus Taschkent erzählte, daß eine Stunde vor dem ersten Beben die Ameisen ihre Puppen aufgeladen und mit ihnen ihre Ameisenhügel verlassen hätten. Schon einige Zeit vor dem Beben wollten die Bergziegen und Antilopen im Zoo von Taschkent nicht mehr in ihre Ställe zurück, und bereits Tage vor dem Beben fingen die Tiger und die anderen großen Katzen an, im Freien zu schlafen.

In »Supernature« berichtet der Biologe Lyall Watson: »Die Japaner, die genau über Erdbrüchen leben, haben aus diesem Grund schon lange Goldfische gehalten. Wenn der Fisch anfängt, wie rasend umherzuschwimmen, verlassen die Eigentümer schnell ihre Häuser, damit sie nicht von fallendem Mauerwerk erschlagen werden. Der Fisch hat den Vorteil, in einer Substanz zu leben, die leicht Vibrationen überträgt, aber selbst Tiere, die in der Luft leben, können Warnsignale aufnehmen. Bereits Stunden vor einem Erdbeben hat man beobachtet, wie Kaninchen und andere Tiere voller Furcht aus den Zentren des Bebens rannten . . .«

Diese Sensibilität der Tiere ist einer der Pfeiler, auf die sich ein bekannter Vorstoß der Volksrepublik China stützt, ein System zur Erdbebenvorhersage zu errichten. Dale Mead schreibt in der Märzausgabe (1976) des »Sience Digest«, daß eine Gruppe von zehn amerikanischen Geologen und Geophysikern kürzlich China besucht hätte; sie waren von der »National Academy of Sciences' Committee for Scholarly Communication with the People's Republic of China« geschickt worden, um mehr über Methoden zu erfahren, Erdbeben vorherzusagen. Sie lernten, daß die Chinesen elektronische Mittel benutzten, auf warnende Töne achteten, die aus der Erde kamen und auf wechselnden Wasserstand, und sie beobachteten, auffälliges Verhalten der Tiere.

Chinas durchschnittliche Beben erreichen jedes Jahr eine 6,0 auf der Richterskala, die schwersten in der Welt. Chinas Vorhersagemethoden sind so genau, berichteten die Wissenschaftler, daß sie beanspruchen können, Tausende Menschenleben gerettet zu haben. Mead berichtet, daß das chinesische Volk durch die Vorhersagemethoden früherer Generationen bereits wachsam sei. »Historische Berichte teilen mit, daß Bauern sagen konnten, wenn etwas mit der Erde unter ihnen nicht stimmte. Sonst ruhige Pferde bäumten sich auf und rannten umher. Hunde heulten. Fische sprangen hoch. Tiere, die man sonst selten zu Gesicht bekam, etwa Schlangen und Ratten, kamen plötzlich zu Dutzenden aus ihren Schlupflöchern . . .«

Um diese chinesischen Tierbeobachtungstechniken in diesem Land zu testen, ging Dr. Barry Raleigh von der Erdbebenforschungsstation in Menlo Park (Kalifornien) (sie gehört zur US Geological Survey) nach Hollister County in Kalifornien. Diese Gegend liegt über einigen kleineren Brüchen. Er und sein Kollege, Dr. Jack Everndon, fragten die Bauern und Viehzüchter in diesem Gebiet, ob sie bemerkt hätten, daß sich Tiere vor dem Stoß im November 1974 merkwürdig benommen hätten. Während einige der Befragten nicht daran gedacht hatten, Tiere zu beobachten, erzählte eine Frau den Wissenschaftlern, so berichtet Mead, daß sie versucht hätte, zwei Pferde zu beruhigen, die aus damals unbekannten Gründen ganz verhext gewesen wären. Ein Füllen wäre so wild herumgerannt, erzählte sie, daß es hingefallen sei. Everndon entdeckte, daß die Ranch fast genau über dem Zentrum des Bebens stand.

Ein Beamter aus San Fernando erzählte Dr. Everndon, daß zwei Polizeieinheiten aus zwei verschiedenen Berichten über große Mengen Ratten berichtet hätten, die in Rinnsteinen umherrannten. Das war genau in der Nacht vor dem Hauptbeben im Jahre 1971 gewesen.

Am 26. Juli 1963 zerstörte ein Erdbeben mehr als drei Viertel von Skopje in Jugoslawien. Es wird berichtet, daß an jenem Tag während der ersten Morgenstunden die Tiere des örtlichen Zoos die Zoowächter aus ihren Schlaf holten. Elefanten drückten gegen die Gitter ihrer Käfige, Tiger und andere Katzen rannten durch ihre Käfige und brüllten ununterbrochen. In der Polizeistation sprangen zwei Bluthunde gegen die Fenster, um hinauszugelangen. Streifenbeamten fiel besonders auf, daß in der Stadt keine Vögel mehr waren.

Der Naturforscher Ivan Sanderson meint, daß diese Erdbebenvorhersage bei Tieren mehr mit übersensibler Wahrnehmung zu tun hat als mit dem, was wir üblicherweise außersinnliche Wahrnehmung nennen. In ihrem Buch »The Strange World of Animals and Pets« schreiben Vincent und Margaret Gaddis: »Solche genaue Wahrnehmung kann herannahende Hurrikane an Veränderungen des Wasserstandes oder am Fall des Luftdrucks ausmachen. Schwache Geräusche oder ein Temperaturanstieg können Lawinen ankündigen. Vulkanausbrüchen und Erdbeben gehen vielleicht größere Spannungen im irdischen Magnetfeld voraus. Tiere antworten möglicherweise auf ganz geringes Zittern und schwache Vorbeben.«

Sanderson hat Krabben beobachtet, die zu Tausenden auf der Flucht vor einem Hurrikan von der Küste Honduras ins Inland marschierten. Dieser Marsch begann 24 Stunden vor dem Sturm. Das Küstengebiet ist durch die Flut schwer heimgesucht worden, aber die Krabben wußten genau, wie weit sie ins Inland mußten, um den gefährlichen Auswirkungen der Flutwelle zu entgehen. Der Vulkan Bezymyanny in der Sowjetunion brach während des Winters 1955/56 aus. Dabei wurde kein einziger Bär getötet, obwohl viele von ihnen in der Nähe des Vulkans leben. Russische Wissenschaftler berichten, daß die Bären einige Tage bevor die Aktivität des Vulkans auf Instrumenten registriert wurde, ihren Winterschlaf unterbrachen und sich sichere Plätze suchten, um auf das Frühjahr zu warten. In seiner »Encyclopedia of Psychic Science« schreibt Nandor Fodor, daß vor dem Ausbruch des Mount Pelée auf Martinique (1902) das Vieh äußerst unruhig wurde, Hunde hätten ununterbrochen geheult, Schlangen den Vulkan verlassen und die Vögel hätten aufgehört zu singen und wären fortgeflogen.

Die Turmschwalbe ist seit langem als Wetterprophet anerkannt. Andere nennen die Sturmschwalbe, die Regenschwalbe oder den Sturmvogel. Dieser Vogel war dabei sehr erfolgreich: Man sagt, daß er Stürme voraussagt, indem er ein Gebiet bereits verläßt, wenn der Sturm noch mehr als 800 Meilen entfernt ist.

Eine Farmerfamilie bei Lawrence (Kansas) besaß eine Katze, die einen Tornado voraussagte. Die Katze hatte in der Scheune vier Junge geboren. Einige Tage später bemerkte allerdings die Familie, daß eins der Kätzchen nicht mehr da war und an einem der folgenden Tage wurde ein weiteres vermißt, bis schließlich alle Kätzchen aus der Scheune verschwunden waren. In der Nacht, nachdem das letzte Junge vermißt worden war, vernichtete ein Tornado die Scheune. Die Mutterkatze und ihre Jungen saßen sicher und wohlauf in einem Nachbarhaus in einigen Meilen Entfernung. Dieser Ort war von dem Sturm nicht einmal berührt worden.

Mrs. Freda Robinson aus Oklahoma City achtet für eine genaue Wettervorhersage eher auf ihren Kater Felix als auf die örtlichen Fernsehstationen. Seit vier Jahren flüchtet sich Felix immer in die hinterste Ecke des Kleiderschranks, wenn das Wetter naß und stürmisch wird. Wenn er sich andererseits auf das Fensterbrett setzt, kann man sonniges Wetter erwarten. Mrs. Robinson erklärt, daß sich Felix niemals geirrt habe. Es wird behauptet, daß sich Schlangen von Menschen zurückziehen, wenn Regen zu erwarten ist. Der traditionelle Wetterprophet für längerfristige Vorhersagen ist allerdings das Murmeltier. Es scheint, daß es jedes Jahr am selben Tag aus seinem Winterschlaf erwacht, am 2. Februar. Wenn es dann wolkig ist und er kann seinen Schatten nicht sehen, bleibt er draußen. Dies heißt, daß das Wetter für den Rest des Winters mild bleiben wird. Aber wenn er in sein Loch zurückschlüpft, dann stellt eure Heizung nicht ab, es werden noch sechs frostige Wochen kommen.

Gene Hereth vom »US Animal Research Trust« hat für die letzten achtzehn Jahre diese Ergebnisse des Wetter»frosches« Murmeltier überprüft: Von achtzehnmal hatte das Tier fünfzehnmal richtig vorausgesagt. Tiere waren nicht nur dann erfolgreich, wenn sie das Wetter oder Naturkatastrophen prophezeiten, sie konnten dies auch bei »menschengemachten« Stürmen.

Als England während des Zweiten Weltkriegs fast jede Nacht von der deutschen Luftwaffe überfallen wurde, hatten viele Engländer gelernt, ihre Katzen zu beobachten, um über einen Bombenangriff vorher informiert zu sein.

Noch bevor die sich nähernden Bomber auf dem Radar ausgemacht wurden und bevor ein Laut zu hören war, wurden die Katzen bereits lebendig. Auf ihren Rücken standen die Haare zu Berge, und sie rannten zu den Schutzräumen. Die Menschen lernten bald, ihnen schnell zu folgen. In den englischen Zeitungen erschienen darüber Geschichten, und vor Kriegsende erhielten die Katzen die Dickin-Medaille, auf der eingraviert stand: »Auch wir dienen.«

Eine Explosion ganz anderer Art wurde von einer Katze vorausgesagt, die gerne auf oder neben dem Fernsehgerät schlief. Vesey-Fitzgerald, die in den britischen »News of the World« schreibt, erzählte von dieser Katze, die wohl einem Freund gehörte. Die Katze sprang eines Tages vom Fernsehapparat herunter, starrte ihn einige Sekunden aufmerksam an, dann wollte sie rausgelassen werden. Danach verließ die Katze immer sofort den Raum, wenn der Apparat eingeschaltet war. Mehrere tage später implodierte die Farbbildröhre. Glassplitter flogen im ganzen Zimmer umher.

1956 erzählten Ted und Dorothy Friend in ihrer Kolumne im »Call-Bulletin« (San Francisco) von einer Frau mit dem unüblichen Namen Welcome Lewis. Sie war durch die seelische Wahrnehmungskraft ihres Boxers gerettet worden. Bei einem Besuch in San Francisco hatte sie ihren Hund aus Los Angeles mitgebracht. Damit er Auslauf hatte, nahm sie ihn zum Lafayette-Park mit, aber der Hund weigerte sich, das Auto zu verlassen. Statt dessen bellte er und machte ungeheuren Lärm. Schließlich gab Mrs. Lewis auf und kehrte in ihr Hotel zurück. Hier zögerte der Hund keinen Augenblick und verließ das Auto.

Am nächsten Tag kam sie am selben Park vorbei und entdeckte, daß ein sehr großer Baum auf einen Wagen gestürzt war, der genau an der Stelle stand, an der sie geparkt hatte. Sie erfuhr außerdem, daß der Baum nur wenige Minuten nach ihrer Abfahrt umgefallen war.

Louise Rucks berichtet in der »Oklahoman and Times« vom 24. April 1976 eine rührende Geschichte über einen Hund, der eine ihm unbekannte Frau beschützte. Offensichtlich konnte er die Gefahr voraussehen, in der sich die Frau befand, und deshalb unternahm er Schritte, um sie zu verteidigen. Mrs. Ruck zitiert die Frau:

»Mein Hauptgrund, warum ich Ihnen schreibe, ist, daß ich Ihnen eine wunderliche Geschichte erzählen möchte, die ich mit einem großen, schwarzen Hund erlebt habe. Es war in Baltimore vor fünfzehn Jahren, als mein Mann im Marinekrankenhaus mit Leukämie lag. Es ist eine wahre Geschichte, und ich habe sie wirklich erlebt.

Damals passierten Tag und Nacht eine Menge Überfälle. Mein Mann und ich hatten etwas Sorge, da ich zwischen meinem gemieteten Zimmer und dem Krankenhaus drei Häuserblocks weit laufen mußte. In der zweiten Nacht sprang dieser sehr große starke Hund aus einer Hecke hervor und erschreckte mich fast zu Tode. Er ging mit mir bis zum Krankenhaus und wartete, bis ich in mein Zimmer zurückging. Er blieb auf dem Bürgersteig und ließ mich nicht aus den Augen, bis ich die Stufen hinaufgestiegen war und die Haustür geöffnet hatte. Ich blieb zwei Wochen in Baltimore, und dieser wunderbare Hund eskortierte mich jede Nacht auf dem Weg zum und vom Krankenhaus, dann wartete er immer, bis ich sicher im Haus war.

Zuletzt sah ich ihn an dem Tag, an dem ich wieder nach Hause mußte. Er begleitete mich zum Krankenhaus und auch wieder zurück, aber in der Nacht zeigte er sich dann nicht mehr: Mein Mann war entlassen worden und ging neben mir. Ich weiß nicht, woher der Hund kam oder wohin er ging. Ich weiß auch nicht, woher er wußte, daß ich ihn in der Nacht nicht brauchte, als mein Mann entlassen wurde. Ich weiß auch nicht, wie oder woher er wußte, daß ich ihn brauchte.«

Mrs. Rucks kommentiert: »Ich stimme mit dem Schriftsteller Henry Beston überein, der in einem seiner Naturbücher schrieb, daß Tiere nicht unsere Brüder und nicht unsere Knechte sind. Sie sind eine andere Nation, mit uns zusammen leben sie im Netz des Lebens und der Zeit. Nachbargefangene der Herrlichkeit und der Mühen auf der Erde. Nachbarnationen kommen manchmal einander zur Hilfe.«

Spotty, ein Mischling, allerdings überwiegend ein Schäferhund, ahnte ebenso, daß seine Gegenwart nötig war, um eine Frau vor einer

Gefahr zu schützen.

In der Juliausgabe von »Fate« wird von einer Mrs. Maude S. Translin aus Palo Alto (Kalifornien) berichtet, die während der Depression in den 30ern in der Stanford University arbeitete. In der Nähe ihres Hauses war ein kleiner Wald, in dem oft Landstreicher hausten. Es beunruhigte sie, daß sie bis spät in die Nacht allein war. Dann bekam sie von einem Freund, der Polizist war, den Hund Spotty. Der Hund war intelligent, und er verstand, daß er nach Anbruch der Dunkelheit seine Herrin bewachen sollte. Tagsüber durfte er mit ihrem Sohn zur Arbeit gehen.

An einem Sommernachmittag kam Mrs. Translin von der Universität nach Hause und war erstaunt, daß Spotty vor der Tür auf sie wartete. Das war das einzigemal, daß er das machte. Spotty ging dann ins Haus und legte sich so hin, daß er alle Eingänge überwachen konnte.

Mrs. Translin öffnete alle Fenster und Türen des Hauses, damit es kühler würde. Dann ging sie ins Schlafzimmer, um sich umzuziehen. Kurz darauf hörte sie an der Vordertür ein lautes Klopfen. Sie fürchtete sich, wußte aber nicht, was sie tun sollte und rief: »Ich werde gleich kommen.« Eine rauhe Männerstimme brummte, daß er warte. Das nächste, was sie hörte, waren Spottys Nägel, die über den Boden kratzten und dann die Stimme des Mannes, der rief: »Beißt der Hund?«

»Sicherlich, er beißt! Bleiben sie ganz ruhig stehen«, antwortete sie. Mrs. Translin kam aus ihrem Schlafzimmer, und sie sah Spotty, der an der Vordertür stand, knurrte und seine Zähne zeigte. Ihre Knie wurden weich, als sie sich an Spottys Halsband festhielt. Der Rufer war ein sehr großer, grimmig blickender Mann, der murrte: »Ich bin hungrig und will was zu essen.«

»Ich kann den Hund nicht loslassen, aber wenn Sie die Tür schließen und warten wollen, werde ich etwas in den Garten bringen.« Damit war die Sache erledigt, der Mann ging, und Mrs. Translin sank auf ihre Knie und umarmte Spottys Hals. Er war mehrere Meilen durch diese Hitze gerannt, um bei ihr zu sein – mehrere Stunden, bevor ihr Sohn ihn mit dem Auto nach Hause gefahren hätte. Das war das einzigemal, daß er zu dieser Zeit nach Hause gekommen war, während der ganzen drei Jahre, die sie ihn besaß.

Die Gaddis' erzählen die Geschichte von William H. Montgomery, der an der Küste Neuenglands Flundern fischen wollte. Er bereitete sein Boot vor, dann pfiff er nach seinem Setter Redsy. Seit seiner Kindheit war Redsy immer hochgesprungen, wenn er mit auf Fischfang durfte. Aber an diesem Tag wollte er nicht an Bord kommen. Statt dessen stand er am Kai und bellte, obwohl Montgomery ihn bat und ihm in scharfem Ton befahl, ins Boot zu kommen. Es gab keinen logischen Grund, anzunehmen, daß irgend etwas mit dem Boot nicht stimmte, und das Wetter an diesem Tag war ausgezeichnet, kaum eine Brise und am Himmel keine Wolken. Man konnte mehr als fünfzig Boote sehen, die zu den Flunderbänken ausliefen.

Glücklicherweise vertraute Montgomery der Intuition seines Hundes. Er wußte, daß etwas falsch sein mußte, und wenn sein Setter nicht mit ihm gehen wollte, dann wäre es das beste, da zu bleiben. Viele der Boote, die an jenem Nachmittag ausliefen, kehrten nie zurück. Innerhalb einer Stunde nach Montgomerys geplanter Ausfahrt wurde der Wind zu einem fürchterlichen Sturm, der völlig unerwartet von See kam. Riesige Wellen, einige waren vierzig Fuß hoch, zerschlugen Boote und Küstenhäuser zu Kleinholz. Mehr als sechshundert Menschen kamen in diesem Sturm um. Es war der große Hurrikan von 1938.

Es ist bekannt, daß Ratten ein Schiff noch im Hafen verlassen, bevor es untergehen wird. Solche Geschichten werden durch das Erlebnis des Schauspielers Raymond Massey und seiner Frau glaubhaft. Sie erzählten ihre Geschichte dem Broadway-Kolumnisten Danton Walker, der sie in seinem Buch »Spooks Deluxe: Some Excursions into the Supernatural« wiedergibt.

Während der 40er Jahre kauften die Masseys ein Stadthaus in Manhattans Osten. Auf der anderen Straßenseite stand ein großes braunes herrschaftliches Wohnhaus, das damals unbewohnt war, aber später von einer bekannten Frau und ihrer Familie gemietet wurde. Sie erzählte den Masseys, daß sie nicht mit den Scharen von Mäusen fertig würde, die das Gebäude bewohnten.

Einige Tage später war Mrs. Massey die erstaunte Zeugin eines Massenexodus der Mäuse aus dem Nachbarhaus. Die kleinen Tiere liefen wie in Panik und schienen sehr verwirrt zu sein. Als einige von ihnen auf ihr Haus zuhasteten, rief sie den Kammerjäger. Einige Tage später brachte sich die Frau von gegenüber um.

Das Haus stand eine Weile leer, aber dann wurde es von einem wohlhabenden Playboy gekauft. Sein Tod machte Schlagzeilen, aber vorher beobachtete Mrs. Massey wieder den massenhaften Auszug der Mäuse. Der nächste Besitzer des Hauses war ein prominenter Geschäftsmann. Als Mrs. Massey eines Morgens ihre Pflanzen in einem Fensterkasten begoß, sah sie wieder die Mäusehorde, die das Haus verließ und die Straße überquerte. Einige Tage später stürzte der Geschäftsmann auf einem Flug mit seinem Flugzeug in den Hudson River und ertrank, bevor man ihm zu Hilfe kommen konnte.

Es gibt viele Geschichten über Hunde, die den nahen Tod ihrer Besitzer oder von anderen Leuten, die den Hunden nahestanden, vorhersagten. Angeblich haben eine Menge Leute die Ermordung Lincolns vorhergesagt, aber niemand so deutlich wie der Hund des Präsidenten. Der Stab des Weißen Hauses hatte alles versucht, den Hund zu beruhigen, als er plötzlich verrückt spielte. Aber umsonst. Obwohl es immer ruhig und lieb gewesen war, rannte das Tier kurz vor der Tragödie wie wahnsinnig im Haus umher und fing an, unheimlich zu heulen, es hörte sich an, wie ein Grabgesang.

Der englische Novellist hatte als treuen Begleiter dreizehn Jahre lang einen Drahthaarterrier. Der Hund, Wessex, zeigte eine große Zuneigung zu einem von Hardys Freunden, zu William Watkins. An einem Frühlingsabend besuchte Watkins seinen Freund Hardy, und Wessex rannte hinaus, um ihn mit aufgeregtem Bellen zu begrüßen. Dabei ging allerdings diese Freude in ein jämmerliches Winseln über. Hardy dachte, daß er plötzlich irgendwelche Schmerzen bekommen hätte, aber eine Untersuchung ergab, daß nichts vorlag. Wessex blieb während ihrer Arbeit bei Hardy und Watkins. Während des Abends berührte der Terrier mehrere Male die Schläfe Watkins mit seiner Pfote und zog sie dann zurück, wobei er ganz gequält schrie. Als Watkins das Haus Hardys verließ, war der Freund Hardys guter Laune und schien gesund zu sein.

Noch früh am Morgen des folgenden Tages klingelte das Telefon. Sonst bellte Wessex bei diesem Anlaß immer, aber diesmal blieb er still. Er lag auf dem Boden und steckte seine Nase zwischen seine Pfoten. Watskins Sohn war am Telefon, um zu sagen, daß sein Vater eine Stunde, nachdem er Hardys Haus verlassen hatte, plötzlich gestorben sei. Ein altes Sprichwort sagt: »Wenn du ein einziges Sandkorn genau kennst, kennst du auch das ganze Universum.«

Es ist schon schwierig, daran zu glauben, daß irgendeine beobachtende Seele mitten unter uns weiß, was Tausende Meilen entfernt geschieht oder was der morgige Tag bringen wird. Aber wenn andere Lebewesen als wir das vollbringen, kann uns das um unser ganzes Glaubenssystem, wenn nicht um unseren Verstand bringen. Wir können mit dieser Information auf verschiedenen Wegen fertig werden.

Wir können die Solidität solcher Berichte anzweifeln. Das ist am einfachsten, denn dann werden an unsere Begriffsstrukturen oder

Ideologien keine weiteren Fragen mehr gestellt. Zwar sind danach einige Türen zugeschlagen, aber wir können uns dann denen zugesellen, die sich mehr an Dogmen als an der Wahrheit freuen.

Wir können zugeben, daß solche Dinge vielleicht passieren, aber, wenn das schon so ist, so gehören sie zu den Wundern, denen wir manchmal begegnen. Da es keine Möglichkeit gibt, sie zu verstehen, so ist es das beste, unsere Köpfe zu schütteln über so viele Wunder. Dann sollten wir den Fernseher auf ein Programm einstellen, das uns nicht so viel Kopfzerbrechen macht.

Dann können wir zugeben, daß zumindest einige Tiere über außersinnliche Kräfte verfügen und deshalb in die Zukunft sehen können. Wir können uns entschließen, daß die Antwort auf all das in einer gründlicheren Untersuchung aller Arten von Nervensystemen und Gehirnen liegen kann. Das ist vielleicht mutig und kann innerhalb der wissenschaftlichen Tradition auch akzeptiert werden. Aber diese Antwort kann doch nicht zufriedenstellen. In synergistischer Sicht ist das Ganze mehr als die Summe seiner Teile. Wenn wir zusammenzählen, was jeder Teil eines Systems mitbringt, werden wir doch kein Bild erhalten, wie das Ganze sich zusammen mit seinen intakten Teilen verhält. Ein Problem, das bei fast allen Laboratoriumsexperimenten auftritt, ist, daß der Forscher das Forschungsobjekt manipuliert, während er doch erwartet, daß es sich normal verhält. Kein Forscher kann seine Gefühle und seine Gedanken aus seinem Versuch verbannen, und daraus entsteht eine nicht meßbare Fehlerquelle. Gerade die letzten Entdeckungen in der Physik haben gezeigt, daß Gefühle und Gedanken Energie produzieren. So wird der Forscher ein unbewußter Teil des Zirkels.

Wenn wir verstehen wollen, wie Tiere, oder zumindest einige Tiere, Propheten sein können, dann kommen wir vielleicht damit weiter, wenn wir intensiver die außersinnlichen Möglichkeiten der Tiere erforschen. Es ist bekannt, daß viele Tiere gegenüber schwachen Energiefeldern und Vibrationen sensibler als wir sind. Deshalb nehmen sie vielleicht sehr feine Veränderungen in der Umgebung wahr und können irgendwie diese als Zeichen für eine Veränderung aufnehmen. Sie reagieren auf diese nahen Veränderungen, und wir übersetzen dann ihr Verhalten als Prophetie. Es scheint, daß ein Volk, je zivilisierter es wird, sich desto mehr auf Technologie verläßt, um sein Überleben zu sichern und sich mit dem Lebensnötigen zu versorgen. Wir spüren zum Beispiel keinen Wetterwechsel mehr, denn die lokale Wetterstation macht das für uns. Die Fähigkeit, genauer zu riechen und leise Töne zu unterscheiden, hilft uns beim Überleben kaum.

Sicherlich kann der Mensch die Fähigkeiten seiner Sinne zurückgewinnen, wenn dies nötig ist. Der Schriftsteller Jim Phelan, der vierzehn Jahre im Gefängnis verbrachte, schrieb:

»Der Anfänger muß im Gefängnis nicht nur eine neue Sprache lernen und sich in geringeren Tricks auskennen. Er muß auch neue Sinne entwickeln, Tausende Arten von Tierinstinkten, die der Zivilisation nicht bekannt sind. Lange vor dem Ende meines zweiten Jahres konnte ich von weitem und im Dunkeln die Wärter voneinander unterscheiden: ihr Atmen, ihr Geruch, sogar das leise Knacken ihrer Knochen. Ich konnte die Zigarette in der Tasche eines Mannes riechen, auch wenn er noch sechs Fuß entfernt war, in der Kirche ein Murmeln mit geschlossenen Lippen vernehmen, auch wenn ein erfahrener Wärter keinen Ton vernahm. Aus der Art und Weise, wie ein Beamter seinen Mund abwischt, kann ein Langzeitgefangener entnehmen, ob er ihn wahrscheinlich eine Stunde später zum Rauchen holt – ein Langzeitgefangener ist keine Person, er ist ein wachsames, leistungsstarkes und räuberisches Tier.«

Viele dieser Instrumente, auf die wir uns jetzt verlassen, erzählen von dem Universum um uns herum, von dem wir ohne die Hilfe dieser Maschinerie nichts mehr wahrnehmen. Unsere Mit-Lebewesen konnten noch keine Technologie entwickeln. Aber vielleicht nehmen sie mehr von den übereinandergeschichteten Welten wahr.

Aber bessere Augen, aufmerksameres Hören, wachsame Reaktionen usw. erklären bei Menschen nicht das Wesen ihrer Hellsicht. Auch die höhere Sensibilität bei Tieren erklärt nicht, wieso ein Hund weiß, daß sein Herr ermordet werden soll, wie Mäuse den mehrere Meilen entfernten Tod des Besitzers eines Hauses vorhersehen, in dem sie wohnen, oder woher ein Hund weiß, daß er bei einer bestimmten Gelegenheit nach Hause zurückkehren muß, um seine Herrin zu beschützen. Offensichtlich ist in solchen Fällen mehr als eine besonders genaue Aufnahmefähigkeit im Spiel.

Wir haben bereits in einem Kapitel verschiedene Bewußtseinsmodelle beschrieben. Falls wir der neuen Physik glauben können, daß physische Formen in Energiefelder zurückgeführt werden können und Energiefelder wiederum im Bewußtsein verschwinden, dann ist die Welt ein Gedanke. Ihre ganze Existenz kann in dem Etwas gefunden werden, das sie denkt. Alle Formen, alle Tiere, und wir selbst eingeschlossen, existieren dann letztlich als Gedanke. Wir haben lange geglaubt, daß die Bewußtseinsfähigkeit von einer bestimmten Struktur abhängt und daß die Natur dieser Struktur den Grad des Wissens und Bewußtseins bestimmt. Aber die neue Physik sagt uns, daß eher der Gedanke die Form schafft als umgekehrt. Diese Möglichkeit eröffnet uns einen anderen theoretischen Zugang: Die Form oder Struktur eines lebenden Wesens bestimmt vielleicht nicht immer den Umfang oder den Grad des Bewußtseins. Wenn, wie schon die Mystiker lange behauptet haben, das Gehirn eher eine Art Instrument ist, das vom Geist benutzt wird, dann nimmt der Geist wahr, aber wenn das Gehirn in seinen Funktionen beschränkt ist, dann wird, so können wir uns vorstellen, auch diese Wahrnehmung in ihren Äußerungen eingeschränkt. Vielleicht sind die Tiere dem universalen Geist deshalb irgendwie näher, weil sie nicht so intensiv mit der Aktivität des Gehirns beschäftigt sind. Sie können vielleicht sehr wohl jederzeit eine Reflexion des universalen Bewußtseins aufzeichnen, in dem Raum und Zeit nicht existieren. Während wir, auf Grund unserer Beschränkungen, dieses Bewußtsein nicht berechnen können.

Uns wird erzählt, daß in Visionen von Hellsichtigen Raum und Zeit nicht existieren. Diese hochtalentierten Menschen sagen uns, daß ihre Wahrnehmungen kein Produkt der Rationalität, sondern der Intuition sind. Deshalb sind ihre Einsichten auch schwierig für Menschen zu übersetzen, die hauptsächlich auf Logik und Sprache vertrauen. Das ist vielleicht den Problemen ähnlich, mit denen wir durch andere Wesen konfrontiert werden.

8 Der Sinn für das Übernatürliche

»Auf meinen Reisen außerhalb meines Körpers fand ich mich gelegentlich in der Wohnung eines anderen Menschen wieder. Das war nicht mein Ziel, aber ich war nun einmal da. Wenn das geschieht, versuche ich mich so unbemerkt wegzuschleichen, wie ich gekommen bin. Manchmal seh' ich Leute im Haus, aber sie sehen mich selten, meistens sind es dann kleine Kinder, die noch an andere Welten glauben als bloß an die physische.

Aber ich kann selten hinein- und wieder hinausschlüpfen, wenn ein Tier da ist. Irgendwie sind ihre Sinne schärfer oder sensibler, und sie sehen Dinge, die die meisten Menschen nicht wahrnehmen. Sie sehen genau zu mir hin und fangen an zu knurren, ihre Besitzer müssen ihnen dann befehlen, ruhig zu sein, weil sie selber ja nichts sehen.«

Wir saßen im Schatten eines alten Baumwollbaums nahe dem Wasser. Obwohl es erst Anfang April war, hatte die Sonne die Nachmittagsluft erwärmt, und wir hatten uns entschieden, unser Workshop draußen abzuhalten. Wir konnten es uns dort auf dem neuen Frühlingsgras bequem machen und unseren Gedanken freien Lauf lassen, während wir unserem höchst ungewöhnlichen Workshop-Leiter zuhörten.

Wir waren dort anläßlich einer interdisziplinären Konferenz der Menninger Foundation zur Erforschung innerer Wahrnehmungsmöglichkeiten. Sie wurde in Concil Grove (Kansas) am Rande eines Sees abgehalten. Neunzig Physiker und Verhaltensforscher waren zu der viertägigen Konferenz eingeladen worden. An den Nachmittagen wurden Workshops abgehalten, und an diesem Tag hatten sich einige von uns mit Robert Monroe getroffen. Das Thema der Diskussion: »Erfahrungen außerhalb des Körpers und ihre Bedeutung für die Erforschung des Bewußtseins.«

Vielleicht mehr als jeder andere ist Monroe geeignet, gerade darüber zu reden. Er hat mehr als tausend Trips unternommen, auf denen sein Bewußtsein, oder das was manchmal als Astralkörper bezeichnet wird, angeblich seinen physischen Körper verlassen hat und vollkommen wach auf andere Ebenen und in andere Reiche verreiste. Seine

Erfahrungen wurden in seinem jüngsten Buch »Journeys Out of the Body« beschrieben. Er hat ein sehr intensives Trainingsprogramm für mutige Seelen entwickelt, die die gleichen Erfahrungen machen möchten. Mehr als fünfhundert Menschen aus allen Bereichen, viele Psychiater, Physiker, Mediziner und aus anderen Berufen, haben diesen Kurs besucht, der als das »Monroe Institute of Applied Sciences« bekannt ist. Einige Leute aus dem Workshop wollten dann an den Übungssitzungen im Herbst 1976 teilnehmen. Nachdem wir einige Zeit mit Monroe verbracht und einige Menschen kennengelernt hatten, die bereits »ausgebildet« waren, fühlten wir uns bei dem Gedanken wohl, daß unser Realitätshorizont etwas erweitert worden war.

Es ist aufregend, über Monroes Erfahrungen zu sprechen, aber das ist leider hier nicht unsere Aufgabe. Ich erwähne ihn hier, weil er uns aus erster Hand berichten kann, wie es ist, ein Geist zu sein oder gar nicht von denen gesehen zu werden, die noch auf dieser Erde leben. Und es ist interessant zu erfahren, daß, mit einigen Ausnahmen, wie Hellseher und noch nicht programmierte kleine Kinder, nur Tiere seine Gegenwart bemerken, aber keine Menschen. Wir nehmen oft an, daß die menschliche Wahrnehmung viel klarer als die der Tiere ist und daß wir deshalb mehr von der Welt verstehen als unsere schlechter ausgestatteten Brüder. Aber wenn wir Monroe glauben können, und viele seiner Beobachtungen sind von einigen der führenden Experten des Landes bestätigt worden, dann sind wir mit der doch sehr wahrscheinlichen Möglichkeit konfrontiert, daß viele unserer tierischen Freunde rings um uns herum Leben wahrnehmen, von dem wir nichts wissen. Wir denken, daß wir unsere Umgebung verstehen, aber wir sehen vielleicht nur einen Ausschnitt einer viel umfassenderen Substanz. Mark Twain erzählte einmal, daß er als Teenager über die Unwissenheit seines Vaters erschreckt und dann wiederum einige Jahre später erstaunt war, wieviel der alte Mann gelernt hatte. Wenn wir eines Tages erweiterte Ebenen des Bewußtseins erreichen, entdecken wir vielleicht, daß das Kleinste nicht das Geringste war.

Ein anderer meiner Freunde besaß einige Erfahrung als Bewohner zweier Planeten. Er war als »Reisender« nicht so gewandt wie Monroe und erzählte eine Weltraumreise ganz lebendig einer ganzen Nachbarschaft von Hunden. Es war ihm dann gar nicht recht, als verärgerte Besitzer ihre Haustiere riefen und sie mit allen Arten sehr unfreundlicher Worte belehnten. Sie hatten nicht gedacht, daß die Haustiere nur einfach zuhörten und etwas Wichtiges bemerkten. Es ist interessant, daß er Tiere fand, die »auf der anderen Seite« lebten. Er erzählte, daß er einmal einen Airedale wieder hätscheln und lieben konnte, der bereits vor einigen Jahren gestorben war, und daß er auch verstorbene Haustiere der Familie und von Freunden wiedertraf. »Du kannst dir nicht vorstellen, wie fröhlich mein Hund war, mich wiederzusehen ... es war wirklich hart, ihn wieder zu verlassen.«

Gelegentlich erzählt Fred Kimball, daß er mit Tieren gesprochen hätte, die gestorben wären, weil ihre früheren Besitzer ein solches Gespräch gewünscht hätten. Ein typischer Fall, erzählte er, war ein Hund, der Lamb hieß. Der Hund hätte ihm gesagt, daß er gestorben wäre, als er schon ganz alt war und an einem lahmen Bein litt. Lamb erzählte Kimball, er hätte sterben wollen, um der Familie nicht mehr zur Last zu fallen. Kimball: »Als ich das der übriggebliebenen Familie erzählte, bestätigte sie den Hund, Lamb hätte sich eines Tages einfach hingelegt und wäre gestorben.«

Charles Rhoades, Direktor des »New Age Center« in Oklahoma City und ein anerkanntes Medium, wird oft gerufen, um in Häusern unerwünschte Geister auszutreiben, die sich herumtreiben und die Bewohner zutiefst verwirren. Er erzählte mir, daß er erfahren hätte, daß Tiere gegenüber übernatürlichen Phänomenen sensibler als Menschen sind. »Wenn die Tiere im Haus nicht auf eine mysteriöse Gegenwart reagieren, brauche ich selten oder nie mich um weiteres zu kümmern. In solchen Fällen nehme ich eher an, daß die Geister Produkte von Halluzinationen oder einer sehr starken Einbildungskraft sind.«

»Tiere zeigen oft eine unbestimmte Sensibilität gegenüber Teilen der Umgebung, die von Menschen ignoriert werden«, schreibt Dennis V. Waite in seinem Artikel »Besitzen Tiere wirklich einen sechsten Sinn?«, der in der Maiausgabe (1975) von »Probe of the Unknown« erschien. »Oft scheinen sie Ereignisse und Phänomene wahrzunehmen, die Menschen entweder gar nicht bemerken oder kaum realisieren«, erklärt Waite. »Berichte von Erscheinungen erzählen oft, daß Tiere etwas wahrnehmen oder sich fürchten, bevor ihre Besitzer darauf kommen, daß etwas nicht stimmt. Bei Ufos zeigen Tiere oft intensive Furcht.«

Dr. Robert L. Morris arbeitet an der »Psychical Research Foundation« in Durham (North Carolina) und am »Gardner Research Institut« in Chapel Hill (North Carolina). Er teilt mit, daß ein früherer Seelenforscher zu seinen Untersuchungen immer seinen Hund mitnahm, dabei hätte der Hund immer deutlicher auf psychische Phänomene angesprochen als die Menschen.

Die psychische Kraft des Tiertotemismus kann noch in verschiedenen Teilen der Welt beobachtet werden. Die Gaddis erzählen, wie der Anthropologe Geoffrey Gorer und sein Schüler Ronald Rose entdeckten, daß Totems Vehikel für Informationen sind, von denen man annimmt, daß die australischen Ureinwohner sie telepathisch empfangen. Das plötzliche Auftauchen eines Totemvogels- oder -tieres zeigt einem Mitglied des entsprechenden Totemclans an, daß ein anderes Mitglied des Clans verunglückt, krank geworden oder gestorben ist. Manchmal ist das Tier nur eine Erscheinung und manchmal überträgt das unübliche Verhalten eines wirklichen Tieres die Botschaft.

Die Gaddis erzählen auch die Geschichte von Paul M. Vest aus Santa Monica (Kalifornien). Sein Chihuahua Gringo litt an einer Magenkrankheit und einer inneren Infektion. Trotz der Antibiotika ging es dem Hund immer schlechter, und der Tierarzt hatte schon jede Hoffnung aufgegeben.

Der Hund kam nach Hause und war zu schwach, zu fressen, zu stehen oder auch nur den Kopf zu heben. In dieser Nacht saß Vest auf einem kleinen Stuhl und hatte den kleinen Hund auf seinem Schoß. Er fühlt so großes Mitleid, daß er dachte »gibt es nicht irgendwo eine Macht, eine Kraft, die diesem leidenden, todkranken Hund helfen kann?« Es war mehr eine Frage als ein Gebet, und er erwartete keine Antwort. Aber es war doch ein sehr intensiver Gedanke und ein tiefes Gefühl.

Fast unmittelbar danach entwickelte sich ein merkwürdiges Schauspiel. Zuerst spitzte Gringo seine Ohren, als wenn er etwas hörte, dann hob er langsam seinen Kopf, und seine Augen starrten etwas an. Vest fühlte, daß etwas Fremdes und Unbestimmtes im Zimmer war. Er folgte dem Blick des Hundes und erschrak, als er eine kleine Gestalt sah, die einem Menschen glich, aber einen hundeähnlichen Kopf hatte. Er sah die Gestalt nur einen Moment lang. »Sie war wirklich da, ein festes, dreidimensionales Objekt.« Gringo schien die Gestalt auch noch zu sehen, als sie aus dem Blick des Mannes verschwunden war, und er schien auf Geräusche zu achten, die Vest nicht hören konnte. Der Körper des Hundes war ganz gespannt und zitterte, aber nach ein paar Augenblicken sahen ihn seine Augen völlig verändert an. Er stand langsam auf und wedelte mit dem Schwanz. In dieser Nacht trank er warme Milch, schlief fest und nach ein paar Tagen war er wieder wohlauf. Was war das für eine merkwürdige Kombination von Mensch und Tier, die aus einer anderen Dimension gekommen war, um das Befinden des Tieres zu beeinflussen? Wieso war ein Mensch fähig, sie um

Hilfe zu rufen? Oder traf sein Ruf nur zufällig mit ihrer Erscheinung zusammen? Warum erschien die Gestalt dem Menschen und dem Hund? Geht es zu weit, wenn man davon ausgeht, daß dieses Wesen jede gewünschte Form annehmen konnte, aber hier eine wählte, die sowohl der Mensch als auch das Tier akzeptieren konnten? Die Mythologie ist voller Geschichten, in denen Gestalten vorkommen, die halb Tier, halb Mensch sind und über paranormale Kräfte verfügen. Vielleicht sind diese Mythen weniger erfunden oder symbolisch, als wir gedacht haben. Die Kraft, die sich dabei zeigt, ist nicht immer freundlich und liebevoll, so wenn der schwarze Magier die halbmenschliche Form eines Werwolfes annimmt.

Das Wesen, das in einer Nacht Norma und Tom Kresgal besuchte, war wohlwollend und ihnen gut bekannt. Es war ihr Haustier, das schon lange tot war: Der kleine Collie Corky, und sie verdanken ihm ihr Leben. Miss Nicole Lieberman, ein Mitglied der »American Society for Psychical Research«, schreibt für den »National Enquirer«. Sie berichtete von den Kresgals und ihrer wunderbaren Rettung vor dem Tod.

Norma hatte den Hund wohl 1946 unter merkwürdigen Umständen gefunden. Sie und Tom waren frisch vermählt und lebten auf einer Farm im Staate New York. Ein Nachbar rief sie an und bat sie, bei seiner kranken Frau zu bleiben, während er in die Stadt ging, Medizin zu besorgen. Er kehrte nach einer halben Stunde zurück, und Norma ging wieder nach Hause. Nach kurzer Zeit spürte sie, daß sie nicht allein war. Sie blieb stehen, sah um sich herum, sah nichts und ging weiter. Aber das Gefühl blieb, und aus einem Grund, den sie nicht erklären konnte, fühlte sie sich gezwungen, den Weg zu verlassen und in den Wald zu gehen. Fünfzig Fuß weiter entdeckte sie einen großen Collie, der lang ausgestreckt auf dem Boden lag. Sein Hals war voller Blut.

Er lebte noch und wedelte schwach mit seinem Schwanz, als sie seinen Kopf streichelte. Er war viel zu groß, um ihn zu tragen. Deshalb eilte sie nach Hause, um Hilfe zu rufen. Sie und der Vater ihres Mannes brachten den Hund dann zu einem Tierarzt. Der Arzt konnte eine Kugel aus dem Hals des Collies entfernen, aber er litt auch später noch und konnte niemals normal bellen.

Niemand beanspruchte den Hund, und Norma nannte ihn Corky. Er war sieben Jahre lang ihr treuer Begleiter. Als er starb, begruben sie ihn unter einem Baum auf der Farm.

Zwei Jahre später zogen die Kresgals nach New York City in das obere Apartment eines Zweifamilienhauses.

Sie wohnten erst zwei Monate in dem Apartment, »als ich eines Nachts plötzlich durch ein merkwürdiges Geräusch wach wurde«, erzählte Mrs. Kresgal Miss Lieberman. »Es war Corkys Pferdegebell. Ich dachte zuerst, ich träumte und wollte wieder einschlafen, als ich ihn wieder hörte – laut und deutlich.«

Norma stand auf und öffnete die Tür des Schlafzimmers. Ihr kamen Rauchwolken entgegen. Sie weckte Tom, und sie konnten sich und ihren Hausherrn noch in Sicherheit bringen, bevor das Haus in Flammen aufging.

»Die Tränen rannen mein Gesicht hinunter. Tom dachte, es wäre wegen der verbrannten Sachen und sagte, ich sollte mich beruhigen, wir wären doch versichert.«

»Er wußte nicht, daß ich aus Dankbarkeit weinte – ich dankte Gott aus meinem ganzen Herzen, weil er meinen Corky zu mir gelassen hatte, so lange, bis er mich geweckt hatte – bevor es zu spät war.«

Die Araber behaupten, daß die Pferde von keinem anderen Tier an Mut und Feinfühligkeit übertroffen werden. Die Pferde würden, besonders bei Nacht, von geistigen Kräften geleitet.

Viele Reiter, nicht nur die Wüstenreisenden, behaupten, daß ein Pferd die Gegenwart von Geistern und Gespenstern spüren kann, es reagiere deutlich auf psychische Phänomene. In meiner Jugend verbrachte ich eine Menge Zeit mit Reiten, oft hielten die Pferde plötzlich an, als ob sie über sich eine Gefahr spürten. Der Grund war nicht immer zu entdecken, und ich meine jetzt, daß das Pferd etwas bemerkt hatte, was außerhalb meiner Sinne lag. Einmal allerdings, es war schon spät in der Nacht, hielt das Pferd mitten auf der Straße ganz plötzlich. Ich konnte wieder keinen Grund erkennen. Fast eine Minute lang wollte es nicht weiter, und das war ärgerlich, denn es begann zu regnen, und ich wollte nach Hause. Dann fing das Pferd an, weiterzutrotten – aber da erhellte ein Blitz vor uns die Straße, genau an der Stelle, an der wir wahrscheinlich gewesen wären, wenn wir nicht angehalten hätten.

In seinem Buch »ESP with Plants and Animals« erzählt Beth Brown die Geschichte eines Offiziers, der aus einem rückständigen Land eine ganze Ladung kranker und verwundeter Menschen auf einem Wagen der von einem einzigen Pferd gezogen wurde, heraustransportieren mußte.

Ein Sturm überfiel sie und der Offizier gab bald jede Hoffnung auf. In seiner Verzweiflung gab er die Zügel des Pferdes frei und wartete auf seinen und den Tod seiner Karawane kranker Menschen. Aber das

Pferd blickte sich um, ging ein Stück und blickte sich wieder um. Das Pferd ging immer weiter und zog sie mit großer Mühe durch den immer stärkeren Sturm.

Sie kamen in einen Wald und überquerten Felder, die der Kutscher nicht kannte, der fallende Schnee bedeckte ihre Spuren, kaum daß sie weiter waren. Es gab keine Möglichkeit mehr, daß das Pferd sich nach seiner Nase orientierte. Und doch konnte das Pferd durch irgendeine innere Orientierung seine Ladung sicher im Hof eines Krankenhauses abladen. Der Schnee fiel und blies so dicht, daß der diensthabende Offizier kaum seine Hand vor seinem Gesicht sehen konnte. Die Geister von Pferden sind auch noch nach ihrem Tode wieder aufgetaucht. Da gab es das Geisterpferd von Angus McDougall, dem Bildhauer, und seines Bruders Ken. Sie waren Söhne des berühmten Dr. William McDougall, einige Jahre lang Professor für Psychologie in Harvard und zum Zeitpunkt seines Todes (1938) Direktor der Abteilung für Psychologie an der Duke University.

Als Angus sechzehn und Ken dreizehn waren, machte die Familie ein Picknick nahe einem alten, verlassenen New-England-Farmhaus in den White Mountains. Sie waren von einer Miss Baird dorthin gefahren worden, deren Vater eine Farm besaß. Die Straße war lange nicht benutzt worden und war so uneben, daß sie das letzte Stück zu Fuß gingen.

Das alte Zweizimmerhaus stand oben auf einem Hügel und hob sich verlassen und öde vom Himmel ab. Die Erwachsenen setzten sich auf eine kleine Erhebung in einiger Entfernung vom Haus und bereiteten das Essen vor. Die Jungen gingen nach oben, um die alte verlassene Ruine zu erforschen.

Das Schindeldach war noch in Ordnung, aber die Tür hing nur noch an einer zerbrochenen Angel. Nur noch ein Fußboden war innen ganz, aber es gab noch eine Treppe, die in die Dachstube führte. Ken kletterte hoch, während Angus auf die Rückseite des Hauses ging.

»Dort waren einige dünne Holunderbüsche über das Dach gewachsen. Sie bildeten gegen die Wand eine Art Tunnel oder Durchgang«, erzählte Angus Jahre später einem Reporter. »Ich ging in diesen Durchgang, und auf einmal hörte ich ein Pferd schnaufen und gegen das Haus treten.« Zuerst dachte er, es wäre sein Bruder, der ihm einen Streich spielen wollte, aber dann tauchte Ken an einer Ecke des Hauses auf. Sie hörten jetzt beide, wie das Pferd schnaufte und scharrte. Es hörte sich ganz verzweifelt und laut an.

Sie gingen in das Haus zurück, aber es war genauso leer wie vorher.

»Wir starrten einander an und waren sehr verwirrt. Kens Gesicht war ganz weiß geworden und meins war es zweifellos auch. Ohne zu sprechen, gingen wir langsam zur Picknickgesellschaft zurück.«

Als die Jungen ankamen, erzählte Miss Baird gerade die traurige Geschichte des Ortes. Vor vielen Jahren, sagte sie, beschlossen die Pächter, denen ihr Vater das Anwesen vermietet hatte, ihr Glück zu versuchen und westwärts zu ziehen. Nur ein altes weißes Pferd wurde zurückgelassen, von dem sie annahmen, daß es zu schwach für die Reise sei. Offensichtlich ging das Pferd in das Haus hinein, um Schutz vor einem Sturm zu suchen, die Tür klappte zu und das Pferd war drinnen gefangen. Als Mr. Baird im Frühling kam, um nach seinem Eigentum zu sehen, fand er den Kadaver des alten Pferdes. Er begrub ihn unter dem Erdboden des Hauses.

Einer meiner Freunde hat eine kleine Hütte im Hochland Westcolorados. Er benutzt die Hütte immer, um mehrere Wochen im Sommer den Roman, an dem er gerade arbeitet, zu beenden. Der Weg zu seiner Hütte war nur für vierrädrige Karren befahrbar, aber in früheren Jahren war der Weg von Bergleuten benutzt worden, und später diente er Holzfällern.

Als er eines Nachts allein in seiner Hütte war, beschloß er, in die nahen Wälder zu gehen. Es war Vollmond, und dieser warf einen magischen Schein auf die hohen und stillen Berge. Er war fasziniert von der atemberaubenden Schönheit seiner Umgebung und dachte, wie glücklich er doch sei, hier zu sein und nicht in der Stadt. Aber dann wurde er aus seinen Träumen durch den deutlichen Schlag von Pferdehufen auf dem Weg vor ihm aufgeschreckt.

Er konnte nicht fassen, wer an dieser abgelegenen Gegend und dann auch noch nachts umherritt. Deshalb verließ er den Weg und versteckte sich hinter einem großen Baum. Das Trappeln der Hufe wurde lauter, dann schienen sie direkt vor ihm zu sein, und dann verschwanden sie langsam den Weg hinunter.

Er kam aus seinem Versteck heraus, von dem aus er den ganzen Weg hatte beobachten können. Er war sehr verwirrt, weil er das Pferd nicht sehen konnte. »Das Mondlicht war so hell, daß man sogar die Farbe des Grases erkennen konnte«, erzählte er mir, »und es gab gar keine Möglichkeit, das Pferd etwa zu übersehen, als es vorbeikam ... aber man hörte nur diesen Ton.«

Er hörte das Pferd noch einmal, es war zur selben Stunde, und die Nacht war ähnlich, aber diesmal war er zu weit vom Weg entfernt, um das Pferd wirklich sehen zu können. Als ihn eines Morgens ein Freund besuchte, fragte er ihn: »Gibt es jemanden hier, der auf dem Pfad ein Pferd reitet?«

Ein wenig erschreckt, murmelte er: »Ich weiß wirklich nicht . . . Ich glaube, es hat vor einiger Zeit dort Reiter gegeben . . . Warum?«

»Ich glaube, ich bin für den Frieden und die Stille dieses Ortes nicht geschaffen«, fuhr er fort. »Letzte Nacht wachte ich auf und konnte nicht wieder einschlafen, deshalb zog ich meine Schuhe und meine Hose an und ging nach draußen. Es war eine schöne Nacht, deshalb wanderte ich zwischen den Bäumen, und ich soll verdammt sein, wenn ich nicht jemanden auf dem Pferd hörte, der den Weg herunterkam.«

»Konntest du sie sehen?« fragte der Gastgeber und hielt wartend seine Kaffeetasse halb hoch.

»Nein, und das ist das Komische. Ich dachte, ich könnte den Weg sehen, aber meine Blicke müssen irgendwie durch Bäume oder Zweige verstellt gewesen sein, denn der Ton war ganz deutlich da, und dann verschwand der Ton den Weg hinunter und war schließlich fort, aber ich sah nichts.«

Mein Freund erzählte seinem Freund nichts von seinen Erfahrungen mit dem Phantompferd, denn er wußte nicht, wie das aufgenommen werden würde.

Meistens handeln Geschichten von Geistertieren über Hunde, Katzen oder Pferde, vielleicht weil sie die verbreitesten Haustiere sind. Vor einigen Jahren allerdings, ich hatte mich gerade zur Meditation in die Nähe des Bear Creek Canyon in Colorado zurückgezogen, hatte ich selber das Glück, ein Phantomtier zu sehen.

Ich sollte dazu sagen, daß der Platz in verschiedener Hinsicht unüblich war. Auf dem Gelände wachsen die größten fünf Blautannen, die ich jemals gesehen habe. Sie übertreffen alle anderen Bäume in der Gegend, und man glaubt, daß sie von einer sehr hohen »Deva« bewohnt werden, die über das Gelände wacht. Wegen dieses Geistes ist der Platz als ein heilender Ort bekannt, schon bei den Indianern, bevor der weiße Mann kam.

Verschiedene meiner Freunde gehen mindestens einmal im Jahr eine Woche dorthin, um sich zu entspannen, zu meditieren und um »wieder auf die Beine zu kommen«. Wir erlebten dort unvergeßliche Stunden, und es ist immer ein Erlebnis, in dieser Wildnis zu leben. Es gibt dort Rotwild, Stachelschweine, Erdhörnchen, Backenhörnchen, Grauhörnchen, die verschiedensten Vögel und sogar Stinktiere, die ganz nah zu uns kamen, weil sie wußten, daß wir sie mochten und beschützten. Vor einigen Jahren bauten wir einen Schrein aus weißem

Quarz für St. Franziskus, den Heiligen der Tiere. Wir sind sicher, daß die Tiere verstanden haben, warum wir den Schrein bauten.

Eine der großen Tannen stand am Rand des Weges, der durch das Gelände führte. Ich hatte herausgefunden, daß dies ein besonders geeigneter Platz war, nachts zu meditieren. Ich lehnte mich dann gegen den großen Baum, fühlte mich zufrieden, spürte den Frieden und intensive Schwingungen in mir. Diesmal war ich nach einer lebhaften philosophischen Diskussion vor dem Feuerplatz allein hierhergegangen. Es war sehr, sehr schön in dieser Nacht, der Himmel stand voller Sterne, es war fast magisch. Ich entschied mich, etwas auf meinem Stück Erde zu meditieren.

Ich hatte noch nicht lange meditiert, als mich etwas meine Augen öffnen ließ. Kaum zwanzig Fuß von mir war ein Hirsch. Er ging langsam den Weg entlang. Zuerst dachte ich, es wäre der große Bock, dem ich an jenem Tag in den Wäldern begegnet war. Ich hatte ihn auf einer kleinen Lichtung getroffen. Wir hatten uns einige Augenblicke lang angesehen, dann graste er weiter, während ich in einer Entfernung von nicht mehr als zwanzig Fuß an ihm vorüberging.

Aber als der Hirsch näher kam, merkte ich, daß er viel kleiner war als der Bock, den ich vorher gesehen hatte. Er schien meine Gegenwart zu merken, denn er blieb auf dem Pfad stehen und schien in meine Richtung zu sehen. Ich war erschreckt, denn ich merkte, daß ich den Hirsch ansah und daß ich gleichzeitig durch ihn hindurchblickte. Er schien ganz wirklich zu sein, außer daß der Körper durchsichtig war, ich konnte deutlich die schattigen Büsche am Rande des Weges direkt hinter ihm sehen.

In meinen Gedanken bat ich ihn, näher zu kommen, aber die einzige Antwort war ein kurzer Halt, um sich in meine Richtung umzublicken, und dann ohne Eile den mondbeschienenen Pfad hinaufzugehen. Nach ungefähr hundert Fuß verschwand der Hirsch im Wald. Ich habe ihn seitdem nicht wiedergesehen, aber in einer anderen Nacht unter dem Baum fühlte ich eine Berührung an meiner Wange, die sich wirklich anfühlte wie die sanfte Nase von Rotwild, aber das war alles, nur eine Berührung, zu sehen war nichts.

Man sagt, daß die »Graubraune Kuh von Warwick« in England wirklich eine Erscheinung ist. Ihre Hufe sind lautlos und sie hinterläßt keine Spuren im Gras. Sie kommt, um den Earl of Warwick zu warnen, bevor ein Mitglied seiner Familie stirbt.

Zwei weiße Eulen auf dem Dach des Herrenhauses sind ein ähnliches Zeichen für die Wächter von Arundel. Und nach einer Legende sind beim Tode des Bischofs von Salisbury weiße Vögel einer unbekannten Art auf der Ebene von Salisbury erschienen. Man sagt, es seien weiße Vögel, die mit unbeweglichen Flügeln von blendend weißer Eleganz dahinsegeln.

1885 wurden die Vögel von Miss Anne Moberly über dem Schloß von Salisbury gesehen, kurz vor dem Tod ihres Vaters, des Bischofs. Christine Hale, die Autorin von »Haunted England«, erzählt, daß 1911 Miss Edith Olivier, die die Legende nicht kannte, nach Hause zurückkehrte. Sie war mit dem Knabenchor auf dem jährlichen Picknick gewesen. In der Dämmerung sah sie zwei große weiße Vögel, die über die Wiesen auf das drei Meilen entfernte Salisbury zuflogen. Alle aus dem Chor sahen die Vögel, und sie hatten niemals vorher solche Vögel gesehen. Als sie in Wilton ankamen, erfuhren sie, daß der Bischof an jenem Tag gestorben war.

Das Verschwinden eines Vogels ist in Longleat, dem Sitz des Marquis of Bath, ein Todeszeichen. Wenn das Familienoberhaupt im Sterben liegt, sagt man, daß einer der Schwäne aus dem Schloßteich auffliegt und niemals zurückkehrt.

Der gegenwärtige Lord Bath erzählte der Autorin Hale, daß während des Ersten Weltkrieges, als sein älterer Bruder, er war damals der Marquis, in Frankreich kämpfte, seine Mutter einmal am Fenster stand und einen Schwan fortfliegen sah. Fünf Schwäne waren auf sie zugeflogen und umkreisten das Schloß. Einer der Schwäne verließ die Formation und flog fort, während die anderen Schwäne zum See zurückkehrten. Am folgenden Morgen erhielt sie das offizielle Telegramm, das den Tod ihres Sohnes mitteilte.

Paul Ghali, ein Reporter des »Chicago Daily News Service«, schrieb in einem Kabel aus Paris vom 18. Oktober 1958 über das Erlebnis eines seiner Freunde, eines bekannten Diplomaten. Eine Verwandte, die nach dem ungarischen Aufstand von 1956 geflüchtet war, hatte den Diplomaten in seiner Wohnung auf dem Place Rue St. Florentin besucht. Eines Morgens erschien sie ganz verzweifelt bei ihm. Er fragte sie, was denn los sei.

»Letzte Nacht hörte ich die Eule.«

»Unsinn, was für eine Eule?«

»Das ist kein Unsinn, es war wie zu Hause. In Ungarn kommt eine Eule und heult vor dem Schlafzimmerfenster, immer wenn ein Mitglied oder ein sehr enger Freund der Familie stirbt.«

»Selbst wenn es kein reiner Aberglaube ist«, spottete er, »kann es hier doch kaum passieren. Wie soll eine Eule überhaupt an dein Fenster kommen? Wir leben mitten in der Stadt. Es gibt hier keine Bäume, die irgendwelche Vögel anziehen könnten. Und außerdem weiß ich weder hier noch in Ungarn von einem Verwandten, dessen Tage gezählt wären.« Aber beim Frühstück am nächsten Tag gab der Diplomat müde zu: »Tante Egie, du hattest recht. Ich selber hörte letzte Nacht die Eule. Was für ein schreckliches Heulen in der Nacht! Sie hat bestimmt ein Nest auf dem Dach des American Talleyrand-Hotels. Es ist sicherlich lästig, aber ich glaube nicht an deine Todeszeichen.«

Und doch klingelte während des Lunchs das Telefon: Die Frau der Kusine des Diplomaten war in einem Autowrack ungefähr fünfzig Meilen außerhalb von Paris gestorben.

Alle Lebensformen scheinen in einem einheitlichen Bewußtsein eingeschlossen zu sein. Sie sind nicht voneinander getrennt, sondern haben Kontakt miteinander und scheinen auf irgendeiner Ebene des Seins voneinander zu wissen. Das große kollektive Unbewußte wird manchmal bewußt, und dann sind wir über die Fäden erstaunt, die die Erdenwesen zusammenhalten. Raum und Zeit verschwinden, Leben und Tod sind nicht mehr getrennt und alles bleibt in EINEM, das mit sich selbst spricht. Vor einigen Jahren berichtete das englische Magazin »Prediction« von einer Katze, die Fingal hieß. Offensichtlich besaß Fingal einen hochentwickelten Sinn für Sympathie, Verantwortung und Zuneigung gegenüber anderen Haustieren. Eines dieser Tiere war eine Schildkröte, die oft auf ihren Rücken fiel und sich dann nicht wieder aufrichten konnte. Wenn das geschah, rannte Fingal aufgeregt zu irgendeinem von der Familie und bestand auf einer sofortigen Rettungsaktion.

Die Katze saß ganz nah bei dem Käfig, wenn eines von den Kaninchen krank geworden war, und hielt Wache, bis das Tier wieder gesund war. Aber wenn ein Mensch krank wurde, hielt sich Fingal fern, bis er oder sie wieder auf den Beinen war. Das wurde von der Familie immer als ein Zeichen begriffen.

Fingal führte einen regelmäßigen Lebenslauf. Ihr Besitzer Celia Dale erzählte: »Sie ging gerne abends aus, blieb eine Stunde weg und kam pünktlich um neun Uhr zurück. Dann tapste sie laut an die Terrassentür, um eingelassen zu werden.« Kurz nach dem Tode Fingals wurde wieder dieses Tapsen gehört. Es war so eindringlich, daß sie die Tür öffneten. Dann hörte das Tapsen jedesmal auf. Mehrmals waren sie überzeugt, ein Schnurren von Fingals bevorzugtem gelben Kissen zu hören.

Eines Nachmittags brachte eine Freundin der Familie ihre siamesische Katze zu einem Besuch mit. Als die Katze in der Nähe des Stuhls war, auf dem Fingals gelbes Kissen lag, machte sie aus Furcht einen Buckel. Ihre Augen schienen etwas zu verfolgen, das sich auf die Tür zu bewegte. Als die Terrassentür geöffnet wurde, legte sich die fremde Katze auf das verlassene Kissen, sie hatte offensichtlich bemerkt, daß die frühere Katze den Stuhl verlassen hatte.

Eine andere Katze wurde noch Jahre nach ihrem Tod von einer Reihe von Leuten immer wieder gesehen. In seinem Buch »Animal Ghosts« berichtet der britische Schriftsteller Elliot O'Donnell von dieser Katze. Die Geschichte wurde ihm von Mrs. Louise Marlowe erzählt.

Kurz nach der Jahrhundertwende hatte Mrs. Marlowe eine Freundin in Yorkshire besucht. Eines Tages unternahmen sie eine Ausfahrt in einer Ponykutsche und hielten nahe den Ruinen eines alten Klosters, um wilde Rosen zu pflücken. Als die beiden Frauen zum Tor des Klosters kamen, sahen sie oben auf einem Zaunpfahl eine große, wunderschöne weiße Katze.

»Ich frage mich, ob wir sie streicheln dürfen«, meinte Mrs. Marlowe.

Sie näherten sich der Katze, aber diese sprang plötzlich hoch in die Luft und verschwand. Die Frauen waren etwas verwirrt, denn das Gras war zu kurz geschnitten, um die Katze verbergen zu können, aber sie war nirgends zu sehen.

Einige Abende später befuhren sie wieder denselben Weg, und wieder sahen sie die weiße Katze königlich auf ihrem Pfosten sitzen. Die Katze beobachtete sie ganz freundlich, als sie näher kamen, aber als sie ganz nahe waren, verschwand sie langsam. Sie hielten im Dorf, um Tee zu trinken, und erzählten einer Kellnerin von der verschwundenen Katze. Die einzige Antwort war ein wissendes Lächeln, aber eine Frau am Nachbartisch fragte, ob es eine große weiße Katze gewesen wäre.

»Gott im Himmel!« meinte sie. »Sie fuhren gerade zur richtigen Zeit vorbei, Sie haben Congletons Geisterkatze gesehen!«

Die Frau erzählte, daß sie in dem Dorf seit mehr als fünfzig Jahren lebte und sich noch an die Katze erinnere, als sie gelebt hätte. Sie hätte einer Mrs. Winge gehört, einer Haushälterin im Kloster. Sie liebte ihr Haustier sehr. Eines Tages verschwand das Tier, und sie war sicher, daß es einer Hundemeute zum Opfer gefallen war. Dann aber war sie erstaunt, daß sie kurze Zeit später an ihrer Tür ein Miauen hörte. Froh rannte sie zur Tür, um ihr Haustier einzulassen, aber wie sehr sie auch lockte, die Katze wollte nicht hereinkommen.

Die Katze blieb noch eine Weile vor der Tür, dann verschwand sie.

Zuerst dachte sie, sie wäre sehr ängstlich geworden, aber das gleiche wiederholte sich jetzt Nacht für Nacht. Jede Nacht öffnete Mrs. Winge die Tür, aber die Katze weigerte sich, hereinzukommen. Schließlich sah die Haushälterin während einer Nacht, an der der Mond sehr hell schien, wie die Katze sich ganz einfach auflöste. Mrs. Winge war etwas schockiert, als sie merkte, daß ihre Katze jetzt ein Geist war, und sie weigerte sich, auf das Miauen an ihrer Tür zu reagieren. Bald verließ sie die Nachbarschaft und erzählte ihren Freunden, daß sie zwar lebendige Katzen mochte, aber nicht sehr erfreut sei, von einer toten besucht zu werden.

Die Frau in dem Teeladen meinte zum Schluß, das alles sei nun vierzig Jahre her, aber daß man die Geisterkatze sehen könne, sei im Dorf nach wie vor bekannt.

Albert Payson Terhune erzählt in seinem Buch »The Book of Sunnybank« von Rex, seinem Geistercollie. Rex war ein sehr großer Mischlingshund und von klein an Terhune völlig ergeben. Rex' geliebter und einziger Ruheplatz war eine Stelle im Flur vor dem Arbeitszimmer seines Herrn. Er durfte nicht in das Speisezimmer, aber er beobachtete die Familie während des Essens durch die Fenster der Terrassentür hinter dem Stuhl seines Herrn.

Rex starb 1916, und während des Sommers 1917 kam ein Freund Terhunes, der Rev. Appleton Grannis, der Sunnybank seit einer Reihe von Jahren nicht mehr besucht hatte. Eines Nachmittags saßen Terhune und Grannis an dem Tisch des Speisezimmers und unterhielten sich. Terhune saß mit dem Rücken zur Terrassentür.

Als sie den Raum verließen, meinte der Priester: »Ich dachte, ich kenne alle deine Hunde, aber da ist einer, den ich noch nie gesehen habe. Der große Hund mit den kurzen rehfarbenen Haaren und einer Narbe auf seiner Nase. Dieser Hund stand hinter dem Fenster und starrte dich die ganze Zeit an, als wir im Zimmer waren. Jetzt ist er weggelaufen. Welcher deiner Hunde ist das?«

Rex, der seit einem Jahr tot war, war der einzige Hund, auf den diese Beschreibung paßte. Aber Grannis hatte den Hund zu seinen Lebzeiten nie gesehen, und Terhune hatte ihn auch nie erwähnt.

Ein anderer Freund Terhunes, Henry A. Healy, hatte Rex einmal untersucht, denn er beschäftigte sich mit Tierkreuzungen. Eines Abends luden er und seine Frau die Terhunes ein. Als sie gingen, meinte Healy: »Du weißt, Bert, ich hätte gern so ein Tier, das mich so verehrt, wie Rex dich. Ich habe ihn beobachtet, wie er zu deinen Füßen lag. Er sah dich jede Minute an mit einem sonderbaren Ausdruck voller Verehrung.«

»Mein Gott, Mann! Rex ist seit mehr als zwei Jahren tot!«

Healy entschuldigte sich, daß er nicht daran gedacht hatte. Er runzelte die Stirn und sagte schließlich: »Ja, ich erinnere mich«, dann zögerte er einige Augenblicke und sagte ein wenig trotzig: »Aber ich hätte schwören können, daß er jeden Abend zu deinen Füßen am Feuer lag!«

Terhune notierte, daß einer seiner Collies in Sunnybank, Bruce, noch vier Jahre nach dem Tod von Rex lebte. Während dieser Jahre lief Bruce niemals über das Stück des Flurs, wo der Platz von Rex gewesen war. Wenn Bruce ins Arbeitszimmer kam, drückte er sich sorgfältig um diesen Platz herum, so als ob er jemanden, der dort lag, nicht berühren wollte. Das wurde von einer ganzen Anzahl von Gästen bestätigt, erwähnte Terhune.

Der verstorbene Dr. Nandar Fodor, ein Psychoanalytiker, der wegen seiner Beiträge zur Parapsychologie berühmt wurde, erzählt in seinem Buch »Between Two Worlds« von Mrs. Henry Wipperman aus Howard Beach (Long Island, New York). Mrs. Wipperman hatte zwei Hunde, Skippy und Teddy. Skippy starb an Asthma und wurde im Garten des Hauses begraben. Am selben Abend wurde Skippys vertrautes und deutliches Schnüffeln im Haus gehört. Nicht nur Mrs. Wipperman und ihre Mutter hörten es, auch Teddy spitzte seine Ohren und durchsuchte das Haus nach seinem Spielkameraden.

Sieben Jahre später starb Teddy. »Ich brach weinend zusammen und streichelte seinen Kopf. Er tat einen langen Seufzer«, erzählte Mrs. Wipperman Dr. Fodor. »Am nächsten Tag war er tot, und wir begruben ihn. An diesem Abend hörte ich sein ihm eigenes Keuchen, das ich von ihm kannte, seitdem er krank geworden war. Ich war zu verwirrt, es zu erwähnen, aber als ich es wieder hörte, fragte ich meine Mutter ›Hörtest du ihn auch?‹ Ja, sagte sie, sie hätte es gehört, aber sie hätte es mir nicht gesagt, um mich nicht aufzuregen.«

Dr. Fodor meinte, Halluzination könne in diesem Fall keine Erklärung sein. Skippys Schnüffeln hätten beide Frauen unabhängig voneinander gehört, und darüber hinaus auch Teddy.

Manchmal scheinen Haustiere auf diese Seite des Lebens zurückzukehren, um noch eine bestimmte Aufgabe zu erledigen. In ihrem Buch »The Strange World of Animals and Pets« erzählen Vincent und Margarete Gaddis, daß eine Mrs. Ruth Whitlesey, die Frau eines protestantischen Priesters, 1940 in einem Krankenhaus in Hawthorne (Kalifornien) gearbeitet hätte.

Im März des Jahres wurde sie mitten in der Nacht zum Krankenhaus zu einem sterbenden Patienten gerufen. Sie wohnte nahe beim Krankenhaus und konnte zu Fuß dorthin gehen, aber sie mußte durch eine menschenleere Gegend, in der es keine Häuser und kein Straßenlicht gab. Als sie aus dem beleuchteten in den unbeleuchteten Teil kam, holte sie ein Auto mit zwei Männern ein. Sie fing an zu rennen, aber das Auto folgte ihr.

Aber in diesem Augenblick sprang plötzlich ihr großer weißer Collie Nigel herbei und lief zwischen sie und den Wagen. Die Männer sahen den Hund nur kurz an und fuhren eiligst davon. Nigel blieb bei ihr, bis sie wieder in eine beleuchtete Gegend kam, und dann lief er fort. Als sie sich von ihrem Schrecken erholt hatte, dämmerte es ihr plötzlich, daß der große Collie vor einigen Monaten gestorben war. Mrs. Whitlesey schrieb den Gaddis: »Mein Mann ist Priester einer bekannten protestantischen Kirche. Wir sind nicht abergläubisch oder auch nur besonders phantasiereich – aber wir wissen, daß Gott manchmal auf geheimnisvolle Weise erscheint.«

In unserem mangelnden Wissen betonen wir vielleicht zu nachdrücklich die Unterschiede zwischen der Zeit vor und nach dem Tode. Vielleicht bleibt Leben immer Leben, wo und wann auch immer, und die Unterschiede liegen eher in *unserer* Beobachtung als in einer wirklichen Wahrnehmung. Heute sind wir Zeugen einer völligen Umwälzung menschlicher Möglichkeiten, und es eröffnen sich uns noch viel weitere Wachstums- und Zielmöglichkeiten als wir vor einigen Jahren auch nur zu träumen wagten. Sollen wir dieses sich ausdehnende innere Universum einer einzigen Lebensform zusprechen, der menschlichen, und uns vorstellen, daß sie allein einem sehr fernen, doch erreichbaren Ziel zustrebt?

Vielleicht sollten wir uns an ein Gebet erinnern, das zuerst St. Basil, der Bischof von Caesarea, im Jahre 370 gesprochen hat: »O Gott, schenke uns das Gefühl für die Gemeinsamkeit mit allem Lebendigen, unseren kleinen Brüdern, denen DU diese Erde als ihre Heimat, gemeinsam mit uns, gegeben hast.

Mögen wir erkennen, daß sie nicht nur für uns allein da sind, sondern auch für sich selbst und für DICH, und daß sie das Leben wie wir lieben, und daß sie DIR in ihrem Leben besser dienen als wir in unserem.«

9 Der gefangene Glanz

Ich beobachtete, wie er zu der großen diamantenfarbenen Klapperschlange ging. Sie regte sich nicht, stellte sich auch nicht auf. Als ich aber zwei Schritte machte, richtete sich die tödliche Schlange sofort in ihre Kampfstellung auf. Ich zuckte schnell zurück. Der Indianer lächelte. »Du bist nicht ihr Bruder«, sagte er uns.

»Sie riecht meine Angst«, antwortete ich.

»Ja, aber sie liest dein Herz«, sagte mein Begleiter. Es gibt viele Klapperschlangen im Südwesten, aber es gibt selten Indianer unter ihren Opfern.

Die Schlange ist vielleicht das am meisten unterschätzte Mitglied des Tierreiches. Schlangen haben keine Flossen, aber sie können so schnell wie viele Fische schwimmen. Sie haben keine Beine, aber sie können sich so schnell wie ein Mensch fortbewegen. Manche Schlangen können so geschickt wie ein Affe auf einen Baum klettern, aber sie besitzen zum Klettern keine Hände oder Füße. Sie schlafen, ohne ihre Augen zu schließen, sie können genau Töne aufnehmen, obwohl sie zum Hören gar keine richtige Ohren haben. Schlangen kriechen auf der Erde umher, und trotzdem sind sie eines der saubersten Tiere. Bei unserer Abneigung gegenüber den Schlangen sollten wir lieber unsere eigenen Unzulänglichkeiten überprüfen, als zu überlegen, was wohl mit den Schlangen nicht stimmt.

»Wenn du eine Schlange ansiehst und sie langsam rufst, sprichst du dann nicht davon, wie es dir geht?« fragte mein Freund, der Indianer. »Sieh mal, mit was die Schlange auskommen muß – keine Hände, keine Füße –, und trotzdem geht es sehr gut. Vielleicht nimmst du ihr das übel?« Warum schrecken so viele Menschen zurück, wenn sie eine Schlange sehen? In der Genesis steht, daß der Mensch von der Schlange betrogen wurde und sie deshalb verachtet, aber das erklärt uns das Verhalten des Menschen doch nicht ausreichend genug. Es erklärt vielleicht, was der Schreiber des ersten Buches der Bibel gegenüber Schlangen empfand, aber Schlangen wurden nicht in allen Kulturen so schlecht behandelt wie in der jüdisch-christlichen.

Es ist nicht so bei den Indianern, auch nicht bei den Indern, die die übernatürliche Weisheit der Schlange anerkennen und die aufgerichtete Schlange als Symbol universaler Energie verehren. Die alten Ägypter achteten die Schlange hoch und glaubten, daß sie psychische Kräfte besäße, die denen Glück brächten, die sich um die Schlangen kümmerten. Die Pharaonen hielten sich oft große Schlangensammlungen, fütterten und verwöhnten sie. Sie benutzten die Schlange als eine Art Schutzsymbol, und die Schlange mit ihrem Schwanz im Mund war ein Symbol der Unendlichkeit und der Einheit des Lebens.

Auch im alten Griechenland wurde die Schlange hoch geachtet. Man glaubte, daß die Schlangen die Macht besäßen zu heilen. Die griechischen und römischen Götter der Heilkunst wurden mit einem Stab abgebildet, um den sich eine Schlange wand. Merkur, der Sendbote der Götter, trägt meist einen geflügelten Stab, und Zwillingsschlangen winden sich an ihm empor. Dies ist das Symbol der Heilkunst.

Von den Mayas in Yukatan wurde ein Gott Kukulcan verehrt. Er wurde als eine große Schlange vorgestellt, er besaß einen gefiederten Schwanz und bewachte den Tempeleingang.

Die Hopi-Indianer aus Neu-Mexiko und Arizona benutzen auch jetzt noch die Schlange bei ihren jährlichen religiösen Zeremonien. Sie verehren die Schlangen nicht, glauben aber, daß diese Kreaturen den höheren Geistern Botschaften überbringen. Die Hopi-Männer und Jungen sammeln die Schlangen und halten sie in Erdkäfigen. Während der Zeremonien tanzen die indianischen Priester mit den Schlangen in ihren Händen und halten sie sogar mit ihrem Mund fest. Da sie freundlich und mit Respekt behandelt werden, greifen die Schlangen niemals diese Menschen an, die sie festhalten.

In seinem Buch »ESP with Plants and Animals« schreibt Beth Brown: »Es ist eine altbekannte Tatsache, daß, obwohl die Klapperschlange einen weißen Mann angreifen wird, sie doch selten einen Indianer beißt. Zwischen der Klapperschlange und dem Indianer herrscht kein Kriegszustand. Sie leben miteinander in Frieden. Ein Indianer kann völlig sicher zu einer Schlange gehen, er braucht keine Furcht vor einem Angriff zu haben.«

Was geschieht, wenn sich ein weißer Mann und eine Schlange begegnen? In seinem jüdisch-christlichen Glauben, daß Schlangen eklig und verachtenswert sind, wird er zurückschrecken, und irgend etwas Grausames in ihm erweckt den Wunsch, die Schlange zu töten. Vielleicht ist die Schlange nur ein völlig harmloses Gartentier, macht sich gerade nützlich, indem es Insekten und Feldmäuse vernichtet, aber der Mensch fühlt sich dazu getrieben, sie zu vernichten. Sein Geist ist voller Haß, und dieses Gift steckt in seinen Nerven und seinen Gedanken.

Gegenüber solchen Energiefeldern ist die Schlange sehr sensibel, und der emotionale und geistige Angriff der Schlange läßt sie sich verteidigen. Sie wird von diesen Feldern berührt, und ihr Alarmsystem läßt sie entweder fliehen oder zurückbeißen. Wenn sie zubeißt, so deshalb, weil man ihr keine Wahl gelassen hat. »Klapperschlangen beißen nicht, wenn sie nicht provoziert sind, und sogar, wenn man sie hochhebt, bleiben sie ganz still, in der Hoffnung zu entkommen«, berichtet »American Wild Life«, 1954 von William W. Wise & Co. herausgegeben.« Wenn es schließlich gar keinen Ausweg gibt, richtet sich das erschreckte Tier auf.«

»Wenn du einen richtigen Indianer in der Nachbarschaft der Klapperschlange beobachtest, wirst du etwas ganz anderes sehen«, schreibt J. Allan Boone in seinem Buch »Kindship with All Life«. »Du wirst bei beiden auch nicht das geringste Zeichen von Furcht oder Feindschaft bemerken. Wenn sie einander ganz nahe sind, werden sie eine Pause machen, jeder wird den anderen in der freundlichsten Weise einige Minuten betrachten, dann geht jeder wieder seinen eigenen Weg, jeder macht das, was er zu tun hat und achtet den anderen als gleichberechtigt. Während dieser Pause haben sie sich verständigt, wie ein großes und ein kleines Schiff auf See, die sich freundliche Botschaften zusenden.«

Bei den Stämmen der Cherokees, der Sioux und der Crows habe ich enge Freunde. Sie haben mir vom merkwürdigen seelischen Austausch zwischen Indianer und Natur erzählt, wie man auf die Botschaft im Wind hört, wie man eine Einheit mit dem Herzen der Koyoten erreicht. Als ich noch auf dem College war, verbrachte ich einige Sommer damit, von den Weizenernten in Kansas nach Nebraska (Dakota) und nach Kanada zu wandern. Eine Zeitlang arbeitete ich in dem Weide- und Viehland von Süd-Dakota. Dort freundete ich mich mit einer Indianerin an, Lois Fliegende Wolke, eine reinrassige Sioux. Wir hatten keine romantische Zuneigung, eher eine Art Bruder-Schwester-Verhältnis. Jedenfalls wurden wir miteinander sehr vertraut, obwohl die Zeit, die wir miteinander verbrachten, sehr kurz war. Manchmal sah ich sie, wenn ich am Abend von den Feldern heimkam. Sie arbeitete für eine der Kirchen als Sekretärin und sparte ihr Geld, um Kunst zu studieren. Da sie oft abends arbeitete, saß ich noch bei ihr im Büro und las, bis sie fertig war. Dann gingen wir noch irgendwohin, um miteinander zu reden. Der Sonntag aber war unser Tag, mittags machten wir ein Picknick, wanderten in die Berge und genossen unsere Entdekkungen.

Lois war glücklich. Sie war in einer Indianerfamilie aufgewachsen, die verstanden hatte, daß man sich mit der Kultur des weißen Mannes messen müsse. Trotzdem achteten sie die mystischen Einsichten ihres Volkes. Die Eltern gaben sie ihren Kindern weiter, und Lois Fliegende Wolke war eine Mystikerin. »Hör genau auf den Wind, denn er frischt die Seele alles Lebendigen auf. Jedes kleine Teil, das er berührt, wird auf meiner Reise geboren. Gerüche, Samen, Staub, aber mehr als das, denn du hörst die feinsten Geräusche, die sich verändern, mit allem, was der Wind berührt.«

Sie ließ mich meine Augen schließen, nahm meine Hand und führte mich zu verschiedenen Plätzen, ich sollte sagen, was um uns war – Bäume, Felsen, Hügel, Gras –, indem ich auf den Wind hörte. Ich sollte mich mit geschlossenen Augen hinsetzen und in ihre Richtung zeigen, während sie einige hundert Fuß entfernt im Kreis umherging. Gelegentlich hatte ich richtig geraten, und wenn sie wieder bei mir war, lachten wir über das schwierige Problem, einen weißen Mann »einzustimmen«. Wenn wir unsere Rollen tauschten und ich sie umherführte, schien sie mit geschlossenen Augen mehr wahrzunehmen als ich mit offenen. »Über uns fliegt ein großer Vogel«, sagte sie. Ich sah hoch und entdeckte einen Habicht, der über uns am Himmel segelte.

Als wir später im Gras lagen und entspannt in den Himmel blickten, fragte ich sie: »Woher wußtest du von dem Vogel dort oben, Lois? Du konntest ihn nicht gehört haben.«

Eine Weile antwortete sie nicht. Sie drehte sich um und starrte in das Gras, als wenn sie dort etwas beobachtete. Dann sagte sie langsam: »Ich selber konnte den Habicht nicht sehen oder hören, der etwas anderes, nicht ich ist. Aber dann ließ ich mich los und sah nicht mehr in diesen Körper. Ich kam heraus und alles, das nicht ich war, wurde ich . . . Wörter sind so schwierig . . .« Sie streichelte das Gras mit ihren Fingern, so zärtlich, als wenn es das Haar eines Geliebten wäre.

»Wenn mein Geist fliegt, reitet er auf dem Wind, er wird eins mit allem, dann bin ich nicht mehr ein Mädchen, das einen Habicht sucht, ich bin eher ein Habicht, der ein Mädchen sieht. Wo ende ich und wo beginnt der fliegende Vogel? Ich weiß es nicht . . . Ich weiß nur, daß er ein Teil meiner Existenz ist. Er ist da. Ich sehe ihn in mir selber. Du würdest sagen, daß der Habicht und ich vielleicht auf telepathischem Wege miteinander kommunizieren. Das mag sein, aber ich spreche mit dem Hügel und dem Gras, und der Habicht kennt dies alles auch, und wir sind alle eins, wir atmen und werden vom Großen Wind geatmet.« Eine Reihe von Jahren später erinnerte ich mich an Lois. Ich schrieb gerade für »Let Me Do This Thing« ein langes Gedicht:

»Laß mich in
dies Embryo in diesem Ei:
Ein Adlerleben,
das in die Welt
von seinem hohen Felsennest aus fliegt,
dabei den Gesang der Freiheit singt,
das hinab in mein Tal sich schwingt.
Laß mich den Hasen jagen,
laß mich ein gejagter Hase sein,
damit ich die Herrschaft des Jägers kenne
und die Pein,
die Angst des Gejagten,
damit ich nicht nehme,
was ich nicht gegeben habe,
nicht suche,
was ich nicht verschenkt.
Laß mich ein Jäger im Dschungel sein,
ich möchte fressen
und gefressen werden,
das gleiche Opfer.
Laß mich die Luft durchqueren,
die ich gesponnen habe,
auf dem Wasser fahren,
das in meinen Adern fließt,
in der Erde wachsen,
die aus mir selber kommt,
das Gras als Futter geben,
das ich gesät und gepflegt.
Laß mich vom Fleisch essen
auf dem Altar
aus mir errichtet
und wenn ich schlafe,
dann in dem Nest
aus Zweigen meiner Arme,
ein Ding

ganz aus mir selbst.

Laß mich dies alles tun,
damit ich singe
und mein eigenes Echo höre
über tausend Hügel hinweg,
Wachposten,
von denen aus ich die Weite
meiner Selbst sehe.
Ich spiele mit dem Samen
für meine Saat
und esse die Ernte
aufgelesen aus meinem Wachsen.
Ich schrei zum nächtlichen Himmel
voller Sterne,
schwinge mich auf
zu den äußeren Weiten meiner selbst.

Ich bin Gott und werde ich;
das ist der Traum, den ich träumte.«

Lois lehrte mich, daß sich der Indianer am besten in einem bewußten Rhythmus mit dem bewegt, was er Großer Geist nennt, das eine Bewußtsein von allem, was ist. Alle Lebensformen müssen geachtet und geliebt werden, sie sind Teil eines jeden einzelnen, und das nicht nur im philosophischen Sinne, daß wir alle auf diesem Planeten miteinander leben, sondern in dem Glauben, daß es letzlich keine Trennung gibt.

Dieses Gefühl für »das eine« erreicht seine Höhe im indianischen Medizinmann. Seine Ausbildung, die länger und intensiver ist als für jeden akademischen Grad unseres Kulturkreises, ist nicht abgeschlossen, bevor er nicht die Begrenzung der Subjekt-Objekt-Wahrnehmung überwinden kann.

Auf einer interdisziplinären Konferenz der »Voluntary Control of Internal States« vor einigen Jahren erzählte Rollender Donner, der Obermedizinmann der Shoshone-Nation, neunzig führenden Wissenschaftlern aus dem In- und Ausland, daß der Medizinmann völlige Einheit mit allen Lebensformen lernen müsse.

»Wie kann er Leben verstehen, wenn er nicht Teil des Lebens ist?« sagte Rollender Donner. »Er muß es lernen, im Herzen der Koyote zu leben. Das ist keine poetische Geste, um sich vorzustellen, was Wolf und Eule fühlen; der Medizinmann muß sein Bewußtsein in das Tier senken und sich selber als einen Vogel, eine Koyote usw. verstehen. Er muß mit den Augen der Koyote sehen, mit ihren Ohren hören, ihre Gedanken denken . . .«

Diese erstaunliche Fähigkeit des Menschen, von den Tieren etwas über die Welt zu erfahren, von der meist angenommen wird, daß sie außerhalb des Menschen liegt, bleibt sicher nicht auf eine bestimmte Gruppe von Menschen beschränkt. Es ist eine Wahrnehmung, die jeder lernen kann, der geduldig genug ist, dem Leben zuzuhören.

Boone erzählt uns von einem Mann, der diese Möglichkeiten erlernt hat.

Er lebte zusammen mit Tieren in der Wüste. Er schreibt in »Kinship with All Life«, daß Mojave Dan »der einzige Mensch war, den ich jemals gekannt habe, der sich zweiseitig mit Tieren unterhielt und wirklich seine Gedanken mit ihnen teilte. Dan liest keine Bücher, Zeitschriften oder Zeitungen, er hört niemals Radio oder sieht fern und fragt selten andere Menschen; trotzdem ist er erstaunlich gut informiert – über praktisch alles, was ihn interessiert, ob es nun nah oder fern geschieht. Diese Informationen stammen von seinen Hunden und Erdtieren, von wilden Tieren, von Schlangen, Insekten, Vögeln, wirklich von fast allem, was seinen Weg kreuzt. Das wirkliche Geheimnis war weniger Dans Fähigkeit, stumm seine Gedanken dem Tier mitzuteilen, als seine Möglichkeit, zu verstehen, wenn das Tier zu ihm sprach.«

Das wirkliche Lebensverständnis kommt, so Rollender Donner, von einem Punkt im Geist, in dem ein Verständnis für die Einheit zwischen Selbst und Nicht-Selbst zu finden ist. Diese Einheit heißt, daß sich nichts zwischen beide stellt. Es gibt keine Erinnerung, Assoziation, Auswahl oder ein begriffliches Nachdenken über das Objekt. Wenn man ein solches Ding unverstellt erfahren kann, ohne jede Beigaben, kann man auch die Einheit mit dem Objekt erfahren, und die Subjekt-Objekt-Beziehung verliert ihre Bedeutung. Eine solche nicht differenzierende Vision befähigt einen zur spirituellen Wahrnehmung, meinte der Medizinmann. »Diese Wahrnehmung liegt außerhalb von Raum und Zeit, sie hat beides hinter sich gelassen.«

»Allein mit dem Geist kann man ein Objekt erreichen und eine Identität entdecken. Aber diese Identifikation muß nicht erst hergestellt werden, denn sie wird gerade dadurch erfahren, daß alles beiseite gelassen oder beruhigt wird, was sich zwischen beiden abspielt. Einheit wird durch Sein erfahren.«

Man wird eine erstaunliche Ähnlichkeit zwischen den Worten eines indianischen Medizinmannes und denen eines Mannes finden, der in den Lehren des Orients ausgebildet ist. Dastur (»Dastur« ist der Name für einen Hohenpriester des Zoroastra) Framroze A. Bode hat geschrieben: »Die Oberste Wirklichkeit ist Ziel und auf nichts zurückführbar. Sie ist reines Bewußtsein und nicht aufteilbar. Sie ist der ›Chit‹, der überall eins und universal ist – der Göttliche Geist. Dieses Bewußtsein ist eine schöpferische Kraft, die sich als höchste Macht manifestiert. Jedes Geschöpf geht von diesem Bewußtsein aus. Das Sein heißt Sat – Absolute Existenz; Chit – reines Bewußtsein – und ihr gemeinsames Wesen heißt Ananda – Glückseligkeit. Zuerst muß die reine unveränderliche Quelle Bewußtsein da sein, aus denen die Tattvas fließen, die Prinzipien der Schöpfung, die dann, in ihren Äußerungen, zu wechselnden aktiven Seiten des *Ko*smischen Bewußtseins werden. In allen Stadien des Bewußtseins gibt es nur eine höchste Einheit, die jeder Erfahrung zugrunde liegt, die dann als subjektive Erleuchtung aufgefaßt werden kann. Wenn dieses reine Bewußtsein als ein Ich-Bewußtsein verdünnt wird, kann man die Dichonomie erfahren. Wenn die Einheit des Bewußtseins verstreut und die Quelle verborgen ist, wird dieses irregeführte beschränkte Bewußtsein ›Maya‹ genannt, weitere Aufteilung endet dann in der Vielzahl der Schöpfung. Leben ist ein dauernder Prozeß, der sich aus der Auflösung des *Ko*smischen Bewußtseins destilliert. Das Bewußtsein destilliert die Weisheit dann aus der Erfahrung des vielschichtigen Lebens.« Dr. Bode arbeitet an der Fakultät des Instituts für asiatische Studien in San Francisco (Kalifornien).

Ich höre noch einen anderen indianischen Medizinmann, den Irokesen Kranker Bär, der meinte, daß alles, was wir als Bewußtsein denken, nur dem geistigen Rang des Menschen entspricht und daß es darüber hinaus viel gibt, das unsichtbar, unhörbar und unberührbar für die meisten Menschen ist. Er erzählte mir: »Es gibt Ebenen des Bewußtseins, mit denen die meisten Menschen keinen Kontakt haben, aber Bewußtlosigkeit ist nur ein Grad des Bewußtseins. Im Universum gibt es kein Unbewußtes. Du kannst im Tier, in der Pflanze, im Atom, überall in der Natur Bewußtsein finden. Wir sind nicht richtig aufgewacht, wenn wir in der Natur kein Bewußtsein erfahren.«

Es scheint, daß je mehr ein Individuum aufgewacht oder erleuchtet ist, desto mehr nimmt er wahr, daß Bewußtsein das ganze Leben und nicht nur eine ihrer Formen durchdringt. Ramakrishna, Patanjali, Jesus, Buddha, Mohammed, Wesley, Schweitzer, Schwarzer Hirsch und Einstein sind nur einige der großen Geister auf dieser Welt, die mit dem Menschen und auch mit allen Arten Tieren kommunizieren und von ihnen lernen konnten. In dem klassischen Buch von John G. Neihardt »Black Elk Speaks« sagt Schwarzer Hirsch: »Aus dem Verstehen fließt Macht; und die Macht in der Zeremonie liegt im Verständnis dessen, was mit ihr gemeint ist; denn nichts kann leben außer auf dem Weg, auf dem die heilige Macht der Welt lebt und wandert.«

Schwarzer Hirsch hat eine Vision, und er macht klar, daß ein Mensch, der eine Vision hat, ihre Macht nur dann benutzen kann, wenn er seine Vision auf der Erde so umgeformt hat, daß die Menschen sie sehen können. Teile der Vision haben damit zu tun, die Mächte des Bisons und des Adlers zu gewinnen und mit viel Sorgfalt wurde ein Ritual entworfen, das diese Kräfte zeigt. An einer Stelle der Zeremonie sang »Bauch des Fuchses« diese Worte:

»Dies wird offenbart und sie gehen.
Ein heiliges Gras wird offenbart und sie gehen.
Dies wird offenbart und sie gehen.
Das heilige Leben des Bisons wird offenbart und sie gehen.
Dies wird offenbart und sie gehen.
Eines heiligen Adlers Feder wird offenbart und sie gehen.
Dies wird offenbart und sie gehen.
Der Adler und der Bison, sie gehen wie Verwandte.«

Don Juan, der Yaqui Shamane, macht seinem Schüler Carlos Castande da klar, daß er, anstatt die einzelnen Lektionen zu lernen, das Wissen des Geistes gewinnen muß, der den Körper des Tieres bewohnt.

»Es war kein Hund! Wie oft muß ich dir das noch sagen? Das ist der einzige Weg, es zu verstehen. Es ist der einzige Weg! ›Er‹ war es, der mit dir gespielt hat«, darauf bestand er in den »Lehren des Don Juan: Ein Yaqui-Weg des Wissens.«

Lois streckte ihre Hand aus, und das rote Eichhörnchen nahm das Stück Brot von ihren Fingern. Es sprang nicht fort. Es saß neben ihr auf seinen Hinterpfoten und knabberte an seinem Fressen. Wir hatten an jenem Tag unser Picknick in einem kleinen Baumwollwald gegessen, der sich an einem Wiesenbach entlangzog. Ich hatte in einiger Entfernung ein seltsam aussehendes Gebüsch entdeckt und war dorthin gegangen, um es zu untersuchen. Als ich zurückkam, sah ich, wie Lois das Eichhörnchen fütterte, und ich wartete, bis das kleine Tier kein weiteres Futter mehr erbettelte und fortlief, bevor ich bei Lois war.

»Du hast dir einen Freund gewonnen«, sagte ich.

»O ja, aber er gab mir mehr, als er nahm.«

»Meinst du in eurer Freundschaft?«

»Das auch, ja, aber er gab mir auch zu essen.« Sie sah mein verwundertes Gesicht und fügte hinzu: »Bevor er zu mir kam, um zu fressen, knabberte er an den Blättern jener Pflanze. Es ist eine Art Nadelholz, und er erzählte mir, daß ich es essen könnte.«

Ich dachte eine Weile darüber nach und fragte dann: »Hast du schon eine Pflanze probiert, die dir ein Tier angeboten hat?«

Ohne Zögern antwortete sie: »O ja, oft.« Sie würde es mir nicht erzählen, wenn es nicht stimmte. Die Indianer haben das meiste in ihrer Nahrung und Medizin von den Tieren gelernt.

Die Indianer glauben daran, daß der Große Geist die Tiere zu den richtigen Pflanzen führt, damit sie ihre Krankheiten heilen können. Der Naturforscher Archibald Rutledge hat geschrieben, daß die Indianer die Grundlagen ihrer Medizin dadurch erworben hätten, daß sie beobachtet hätten, welche Pflanzen von Tieren ausgewählt würden, wenn sie krank oder verwundet sind. Schimpansen und andere Affen stillen das Blut aus einer Wunde, indem sie Packungen aus bestimmten Blättern benutzen. Bären bedecken ihre Wunden mit Schierling oder Fichtennadeln, und ein Biber benutzt Fleisch der Schierlingspflanze, das sich in Wasser nicht auflöst. Und Waldratten sind beobachtet worden, wie sie an ein gebrochenes Bein ein Stück Lehm anlegten, das sie meist mit einem Holzstück verstärkten.

Vögel und andere kleine Tiere mögen die Früchte des Geißblatts, und die Indianer in Alaska und in Britisch-Kolumbien essen diese Früchte als Diät. Die Indianer entdeckten bei den Tieren, daß die Frucht besonders als Abführmittel gebraucht werden kann. Tiere, die anämisch oder irgendwie schlaff aussehen, sind dabei beobachtet worden, wie sie die Blüten und Früchte einer bestimmten Distelart essen, und dieses Mittel findet man auch in der Apotheke der Hopi- und Navajo-Indianer. Ältere Herdentiere, die an schlechten Zähnen und schlechtem Zahnfleisch leiden oder an Rheumatismus, essen die Blätter und Stiele einer Pflanze, die bei mehreren Indianerstämmen von den älteren Indianern benutzt wird.

Die Irokesen glauben, daß die Schlangenwurzel starke mystische

Macht verleiht. Sie lernten dies, als sie die Wiesel beobachteten. Bevor dieses kleine Tier eine Schlange angreift, stärkt es sich und macht sich mit den Blättern der Schlangenwurzel Mut. Wenn das Wiesel in seinem Kampf mit einer Schlange verwundet wird, sucht es wiederum diese Pflanze, knabbert an ein paar Blättern, ruht sich ein wenig aus und, wenn es seine Kraft wiedergefunden hat, wird es erneut angreifen.

Die Zuni-Indianer haben Tiere beobachtet, die sich an außergewöhnlich heißen Tagen an den Blättern einer Garbenart rieben. So fanden sie heraus, daß sie einen Sonnenstich oder Hitzschlag vermeiden können, wenn sie ihre Haut mit den Blättern dieser Pflanze einreiben. Bauchschmerzen und Verdauungsprobleme werden von verschiedenen Tieren, einschließlich Hunden und Katzen, dadurch behandelt, daß sie ein paar Maulvoll grünes Gras fressen. Weibliche Vögel brauchen für ihre Eier Kalk. Deshalb fliegen sie zu Plätzen, wo sie Schalentiere finden können. Böcke brauchen Kalk für ihre Hörner. Sie suchen deshalb Phosphatvorkommen, wo das Wasser immer reich an Kalk ist.

»Im Eichhörnchen, in der Motte, im Raben, in allen Kreaturen, mit denen wir diese Erde teilen, gibt es Schönheit und Weisheit. Aber was sind sie oder wir anderes als ein Ausdruck des Großen Geistes? Was für uns wunderbar ist, ist das Universale Sein, das sich als Fuchs oder als Luchs zu verstehen gibt ...« Lois Fliegende Wolke strich mit einer Hand durch ihr langes schwarzes Haar; in ihrem Haar verfing sich ein Sonnenstrahl, der durch die Blätter fiel, und schwarze Diamanten funkelten – ein junges klassisch schönes Gesicht halb im Schatten, das mit einem Erbe stritt, »dem wir uns nicht entziehen können«. »Wir lassen uns von der Form eines Pferdes oder einer Eule bezaubern und stellen uns vor, daß sie in ihrer Intelligenz und in ihrem Sein beschränkt sind, aber vergessen dabei, daß sie nur ein Ausdruck des Allwissenden sind. Sollen wir ihn etwa einschränken? Wenn dieses kleine Tier der Große Geist ist, der sich mitteilt, warum hören wir dann nicht zu? Warum meinen wir, daß Gott alles Leben aus sich selbst geschaffen hat, und denken doch, daß Er sich darauf beschränkt, im Menschen zu existieren? Wie soll Er das machen? Wie könnte sich der Allwissende um den Habicht kümmern, als Er ihn schuf, und sich weiter um ihn kümmern, wenn er am Himmel fliegt, aber nicht mehr, wenn sein Körper bewegungslos auf dem Boden liegt? Warum soll Er das tun?«

Ich hatte mich neben sie ins Gras gesetzt und blickte auf die Berge, hörte zu und dachte nach. »Es gibt viele Geheimnisse, die wir nicht verstehen«, gab ich zu bedenken.

»Ja, Geheimnisse wird es immer geben, Bill, aber würde es weniger geben, wenn wir herausfinden, daß alle diese Kreaturen in und nicht außerhalb von uns existieren?«

Zwischen uns entstand eine Stille, nicht weil uns die Worte fehlten, sondern weil sie mehr sagte, als Worte können. Wir blieben, bis die ersten Leuchtkäfer das Ende des Tages ankündigten. Hand in Hand verließen wir den Baumwollwald, gingen über die Wiese, an der Büffeltränke vorüber und dann den Treibpfad hinunter in die Stadt.

»Ich wette, daß, wenn sie wollten, einige unserer vierfüßigen Freunde dazu kommen könnten, uns einmal zu beweisen, daß sie intelligenter als wir sind«, sagte Lois, als wir am Ende unseres Spaziergangs angelangt waren. Sie kicherte, und dann lachten wir zusammen, und es war ganz richtig, daß unser gemeinsamer Tag hier endete.

10 Unsterblicher Schrei

Raymond und Suzanne Peters waren erschöpft. Sie waren in dieser Woche mehrere Nächte lang erst spät ins Bett gegangen, um ihre Einkommensteuererklärung zu schreiben, und letzte Nacht mußten sie bis zum Morgengrauen aufbleiben, weil ihr Kind Bauchschmerzen hatte. Ihr Bett war jetzt ein willkommener Hafen und ihre Köpfe hatten kaum die Wirkungen der Tabletten verspürt, als sie schon einschliefen.

Aber sie sollten nicht lange im Bett bleiben. Ungefähr gegen drei Uhr bemerkte Raymond ganz schwach, daß ein Hund im Zimmer bellte. Dann war das Bellen ganz nahe bei seinem Gesicht und so laut, daß Raymond und Suzanne trotz ihrer Müdigkeit aufschraken und aufrecht im Bett saßen. »Mein Gott, Mac, was hast du?« fragte Raymond seinen schottischen Hund. Aber genau in diesem Augenblick bemerkten die Peters den Rauch in ihrem Zimmer. Sie liefen in den Flur, und auch er war voller dichtem Rauch, in dem sie kaum atmen konnten. Das Feuer hatte noch nicht das Kinderzimmer erreicht, und sie rissen die beiden kleinen noch schlafenden Kinder aus ihren Betten und flohen die Treppe hinunter.

Es wäre fast zu spät gewesen, denn das Feuer hatte schon die Küche erreicht, und der untere Flur stand bald in hellen Flammen. Ein Nachbar war einige Augenblicke früher aufgewacht und hatte die Feuerwehr angerufen. Obwohl alles versucht wurde, gelang es nicht mehr, das Haus zu retten. Es brannte vollständig nieder.

Entkam auch Mac, der schottische Hund? Auf seine Weise war Mac schon vor drei Monaten geflohen, als er mit elf Jahren an einer, so glaubt man, Herzschwäche gestorben war.

Auch ich wachte letzte Nacht durch das dauernde Bellen unseres Dachshundes Phagen aus tiefem Schlaf auf. Ich wartete einige Minuten und hoffte, daß er aufhörte, daß ich nicht hinausgehen und ihn ausschelten müßte. Das Bellen hörte nicht auf, es wurde schärfer und eindringlicher. Ich zog meinen Morgenmantel über, streifte meine Hausschuhe an und ging an seinen Platz. Er war nicht draußen. Ich sah in sein Hundehaus, und da lag er. Er war schon seit mehreren Stunden tot, und sein Körper war steif gefroren.

Aber Phagen sollte wieder bellen. Ich hörte ihn in zwei Nächten zur fast genau derselben Zeit. In der ersten Nacht sah ich außer dem leeren Hundehaus nichts. Aber in der zweiten Nacht, es war bei abnehmendem Mond nur halbdunkel, sah ich ihn im Schatten warten, und als ich näher kam, sah ich, wie er mit seinem Schwanz wedelte. Scheu und verwirrt kam ich näher ... aber in diesem Augenblick war er verschwunden. Er bellte niemals wieder. Wollte er uns nur ein Lebewohl sagen? War er in jener Nacht für ein letztes Aufwiedersehen zurückgekommen? War ich aus meinen Träumen aufgeschreckt und hatte mich Hals über Kopf in Halluzinationen gestürzt? Man wird nicht so schnell zu einer Antwort kommen, aber mein Nachbar, der noch nicht wußte, daß mein Hund gestorben war, fragte mich am Morgen nach unserer letzten Begegnung, ob mit Phagen etwas nicht stimme, denn er hätte ihn in der letzten Nacht so oft bellen hören.

Besitzen Tiere eine Seele? Bleibt nach dem Tod noch etwas? Welchen Anspruch, wenn überhaupt jemand, haben denn die Tiere auf Unsterblichkeit? In unserem Kulturkreis wird allgemein angenommen, daß nur Menschen eine Seele besitzen und unsterblich sind, daß, wenn eines Tieres kurze Lebensspanne vorüber ist, es für immer gegangen ist, außer in der Erinnerung derer, die es einmal geliebt hat. Aber diese Annahme ist weit entfernt von dem, was alle annehmen, die eng mit Tieren zusammengelebt haben. Es würde heute schwierig sein, die Peters davon zu überzeugen, daß das Sein eines Hundes an seinem Grab endet.

Es würde genauso schwierig sein, meinen Freund Robin Deland aus Denver (Colorado) davon zu überzeugen, daß die Unsterblichkeit der Tiere nur eine Sage sei. Er war spät in der Nacht auf einer engen und gewundenen Bergstraße gefahren. Plötzlich erschien auf der Straße vor ihm sein großer Collie Jeff, der vor einem Jahr gestorben war. Die Zeichnungen ließen keinen Zweifel zu. Mit weit aufgerissenen Augen bremste Deland. Er sprang aus dem Auto und, obwohl seine Knie etwas schwach geworden waren, rannte er zu dem Hund und rief seinen Namen. Der Hund drehte sich um und kletterte langsam auf den Gipfel der Steigung gerade vor ihm. Als Deland zu der Steigung kam, sah er in der Straße ein riesiges Loch, das von einem Erdrutsch verursacht war. Er hätte dieses Loch zu spät entdeckt. Und ob er nun in dieses Loch hineingefahren wäre oder versucht hätte, es zu umfahren, er wäre wahrscheinlich in den Abgrund gerast. Er blickte sich nach seinem früheren Freund um, aber er war nirgends zu finden.

Wenn Tiere den körperlichen Tod überleben, was erwartet sie dann auf der anderen Seite? Die menschlichen Erfahrungen lassen immer mehr an die Reinkarnation glauben: Menschen kommen wieder in eine physische Existenz, um zu lernen und immer mehr Vollkommenheit zu erreichen. Viele Menschen, die bei den Tieren Liebe, Treue, Verehrung und Opferbereitschaft beobachten, können nicht glauben, daß diese Tugenden zeitlich begrenzt und dann für immer verloren sind. Dann stellt sich die Frage, ob auch Tiere eine Reinkarnation durchmachen und dadurch höhrere Stufen erreichen. Wenn das nicht so ist, wie können wir dann die hohe Intelligenz, sogar Weisheit bei einigen Tieren, aber nicht bei allen, eben wie bei den Menschen, erklären? Wie erreichen sie diesen Grad und welchem letzten Zweck dienen diese Vorzüge?

Einige halten heute viel von der Idee der Seelenwanderung, von der Theorie, daß tierische Menschen als Tiere wiederkommen. Obwohl es bei den Menschen auch Zurückentwicklungen geben kann, wird in der Reinkarnationslehre allerdings meist nicht angenommen, daß Menschen als Tiere wiedergeboren werden. Die Natur scheint sich vielmehr von niedrigen zu höheren Stadien zu entwickeln.

Wenn man die Inkarnationslehre in sich selbst auch logisch und akzeptierbar findet, bleibt es doch schwer zu verstehen, daß nur eine Klasse des Lebens zweckgerichtet vorwärtsstrebt und daß alle anderen Lebensformen nur das menschliche Drama stützen sollen, wie Dr. Cerminara in ihrem Buch »Many Lives, many Loves« zu bedenken gegeben hat: »Alle anderen Arten von Leben scheinen an einem dynamischen evolutionären Prozeß teilzunehmen, und es gibt zwischen den verschiedenen Reichen viele strukturelle und biologische Ähnlichkeiten. Es ist deshalb viel wahrscheinlicher«, schreibt sie, »daß es ein weit entferntes göttliches Ereignis gibt, auf das sich die ganze Schöpfung zubewegt.«

In den meisten Traditionen, die von der Reinkarnation ausgehen, wird sie als ein universales Prinzip verstanden, das sich nicht nur auf die Menschen, sondern auf alle Lebensformen und Bewußtseinzentren bezieht. Es kommt aus der Universalen Quelle, und alles Leben geht auf einer langen evolutionären Reise zu dieser Quelle zurück. »Allgemein gesprochen«, meint Dr. Cerminara, »entwickelt sich das Leben von den Mineralien zur Pflanze, von der Pflanze zum Tier, vom Tier zum Menschen und vom Menschen zum beinahe Göttlichen und dann zum Göttlichen.«

Max Heindel geht in seinem Buch »The Rosicrucian Cosmo-Conception« sogar so weit, daß die jetzigen Tiere in einer späteren Periode

»eine reinere, bessere Art der Menschheit sein werden, als wir es jetzt sind . . .«

Es sollte allerdings erwähnt werden, daß die meisten Traditionen die menschliche Rasse als Ganzes in einer Evolution sehen, aus der allerdings einzelne Individuen ausbrechen und durch ihren freien Willen eine weitere Entwicklungsstufe erreichen können. In der Folge scheint es mir denkbar, daß eine bestimmte Tierart einer Vollendung auf einer bestimmten Stufe zugeht, daß aber bestimmte Mitglieder dieser Art, vielleicht als ein Ergebnis neuer Erfahrungen, an der Spitze ihrer Art vorwärts gehen. Wir sagen, daß der Mensch bis zu einem gewissen Grad sein eigenes Schicksal durch seinen Willen bestimmt. Für uns besaß nur der Mensch einen freien Willen, aber die Handlungen, das Verhalten, die Intelligenz und die offensichtliche Möglichkeit einer Auswahl aus verschiedenen Möglichkeiten, die viele außergewöhnliche Tiere zeigten (und manchmal sogar Eigenschaften, die denen der Menschen überlegen sind), zwingt uns doch dazu, diese Theorie aufzugeben. Ist ein Hund, der deutlich Vernunft zeigt und sich auf Grund seiner Vernunft entscheidet, weniger ein Individuum, als viele Menschen, deren Verhalten und Glauben eher an Herdeninstinkte erinnern?

Die Wahrheit der Inkarnation wird durch die Erinnerungen von Menschen unterstützt, die sich bei wachem Bewußtsein auf ihre Vergangenheit besinnen. Solche Experimente sind nachprüfbar und dokumentiert worden. Leute wie Dr. Ian Stevenson, der Leiter der Abteilung für Neurologie und Psychiatrie an der »School of Medicine« der Universität von Virginia, sind in den letzten Jahren ein gutes Stück weitergekommen, nachgeprüfte Unterlagen dafür zu erarbeiten. Diese Unterlagen bestehen vor allem in Erinnerungen an vergangene Leben, bei denen Personen, die darin vorkommen, noch leben und diese Informationen bestätigen können.

Unglücklicherweise hindert uns unsere Unfähigkeit, gleichermaßen mit Tieren zu kommunizieren, daran, solche Unterlagen auch mit ihnen zu erarbeiten.

Das sollte uns allerdings nicht daran hindern, das offensichtliche Leben von Tieren nach ihrem Tode zu erforschen. Wenn wir nur eine Theorie darüber aufstellen können, was mit dem tierischen Bewußtsein geschieht, wenn es das Diesseits verläßt, könnten wir auch das offensichtliche Nachleben der Tiere untersuchen. Wenn wir vor einem solchen Abenteuer zurückschrecken, so vielleicht deshalb, weil wir uns an den alten Glauben, an unseren bevorrechtigten Status gewöhnt haben. Und dann sind solche Theorien doch auch durch Zufall von einigen Menschen vorgetragen worden und geben nicht notwendigerweise die Meinungen anderen Menschen wieder.

Dr. Robert A. Bradley, ein praktizierender Arzt in Denver und ein Pionier der psychosomatischen Medizin und medizinischen Hypnose, vertritt den Standpunkt, daß der Tod für die Tiere nicht alles beendet. In seinem Buch »Psychic Phenomena«, das er zusammen mit seiner Frau Dorothy schrieb, berichtet er von einer persönlichen Erfahrung mit der Unsterblichkeit: »Das Überleben der Tiere nach dem Tode wird kontrovers diskutiert. Unsere Familie hat daran keinen Zweifel mehr, seitdem der offensichtliche Beweis des Lebens nach dem Tode aus einer unerwarteten Quelle kam. Einer unserer Hunde war ein süßer zwei Pfund schwerer Chihuahua, der, sobald man ihn im Winter nach draußen schickte, ein eindringliches, schrilles Bellen ertönen ließ, um wieder eingelassen zu werden. Er haßte es im Sommer und im Winter, nach draußen gelassen zu werden und führte sich geradezu unausstehlich auf, um wieder ins Haus zu kommen.

Es war kurz vor Weihnachten. Das Winterwetter hatte begonnen. Die Familie war damit beschäftigt, ihre Ferien vorzubereiten, und an diesem Abend schmückten wir vor allem den Baum. Wir hatten nicht gemerkt, daß der kleine Hund ausgesperrt worden war (er hatte auch nicht gebellt, um wieder eingelassen zu werden), bis eines der Kinder sein Fehlen bemerkte.

Die Kinder begannen sofort den Hund zu suchen, doch vergeblich. Wir beteiligten uns dann alle an der Suche, draußen und drinnen, denn ich hatte das deutliche Gefühl, daß mit dem Hund etwas nicht stimmte. Wir riefen ihn draußen und suchten systematisch alles ab und, da wir ihn nicht fanden, begannen wir auch drinnen mit einer systematischen Suche. Dorothy und Sieg blieben beim Weihnachtsbaum und schmückten ihn weiter. Als wir in das Zimmer kamen, wo der Baum stand, waren Dorothy und Sieg ganz erstaunt, daß wir uns alle beunruhigt fragten, wo denn der Hund geblieben war. Sie versicherten, daß sie eine ganze Reihe seiner schrillen Belltöne gehört hätten, gerade bevor wir kamen. Sie hätten deshalb angenommen, daß wir ihn gefunden hätten. Wir fragten sie: Aus welcher Richtung kam das Bellen? Sie schienen beide etwas verwirrt zu sein und deuteten unbestimmt nach oben, irgendwo hin. Ich sagte sofort: ›Er ist tot. Ihr hörtet ein astrales Bellen! Er hat irgend etwas getroffen, das ihm nicht vertraut war, und zeigte seine übliche feindliche Reaktion.‹ Ich war plötzlich überzeugt, daß wir ihn tot finden würden. Ich nahm eine Taschenlampe und untersuchte sorgfältig die dunklen Ecken draußen, und da war er, erfroren, gerade unter dem Fenster, nur einige Fuß von Sieg und Dorothy entfernt, die den Baum schmückten. Fünfzehn oder zwanzig Minuten vorher, bei unserer ersten Suche, stand ich praktisch genau an dieser Stelle und hatte gegen das Fenster geklopft, damit Sieg das Außenlicht anknipste. Ich muß nur wenige Zentimeter von dem Hund entfernt gewesen sein, aber er lag im Schatten, wo ich ihn nicht sehen konnte. Allerdings war er sehr lebhaft gewesen und hätte sich bestimmt gemeldet, wenn er noch am Leben gewesen wäre.

Ich untersuchte ihn und fand heraus, daß seine Zunge und sein Maul fest- und seine Kiefern zugefroren waren. Wie war es möglich, daß Dorothy und Sieg sein lebhaftes schrilles Bellen noch vor einigen Minuten gehört hatten? Und warum kamen diese Töne aus der entgegengesetzten Richtung und ›von oben‹?«

Es ist nicht unüblich, daß Tiere in mystischen Erlebnissen vorkommen, und Menschen, die außerhalb ihres Körpers gewesen waren, berichten, daß sie im sogenannten astralen Raum Tiere gesehen hätten. Manchmal waren sie sicher, frühere Haustiere wiedergetroffen zu haben, oder andere haben die Tiere als ihre früheren Haustiere identifiziert.

Einer meiner Freunde, der schon mehrmals außerhalb seines Körpers war, erzählte mir: »Einmal sah ich ganz deutlich meinen alten Collie Bell, der vor einigen Monaten gestorben war. Er war selber erstaunt, mich wiederzusehen und wedelte mit dem Schwanz und sprang an mir empor. Ich streichelte ihn, sprach mit ihm und bezweifelte niemals die Realität dieser Erfahrung.«

Mrs. Lowanda Cady aus Wichita kann es ihrem toten Hund danken, daß sie einen Einbrecher los wurde. Sie lebt in einem Apartmenthaus, und mehrere Wohnungen auf ihrem Stockwerk waren schon aufgebrochen worden. Allerdings wurde fast nur Essen aus Kühlschränken gestohlen. Spät in der Nacht war sie aus dem Schlaf aufgeschreckt: Sie hörte das aufgeregte Bellen ihres Hundes Jock. In den Räumen unter sich hörte sie dann eilige Fußschritte, eine Tür wurde geöffnet, und dann hörte sie jemanden fortrennen, begleitet von dem bellenden Jock. Mrs. Cady sah nach und entdeckte, daß ein Eindringling sich aus den Vorräten ihres Kühlschrankes bedient hatte. Sie wollte nach Jock sehen und blieb stehen, sie hatte in ihrer Aufregung vergessen, daß ihr Haustier vor drei Monaten gestorben war.

Vincent und Margaret Gaddis erzählen in ihrem Buch »The Strange World of Animals and Pets« die Geschichte von Freda Aston aus Tulsa

(Oklahoma) und einem Familienhund, Fife, ein englischer Mastiff. Als Freda noch ein junges Mädchen war, wurde der Hund bei einem Kampf schlimm verletzt. Seine Wunden wurden behandelt, und er schien sich zu erholen, aber eines Morgens konnte man ihn nirgendwo finden. Die Familie war sehr aufgeregt und fürchtete, daß der damals fünfzehn Jahre alte Hund an irgendeiner Stelle hilflos liegen könnte.

Dann hatte Miss Astons Mutter einen Traum, in dem sie Fife sah, stark und stolz wie in seiner Jugend. Sie sah ihn auf einem Hügel, wie er fröhlich mit seinem Schwanz wedelte. Dann sah der Hund hinunter zu seinen Pfoten, ihren Augen folgten seinen, und vor ihm auf dem Boden lag der kampfzerschundene hingestreckte tote Körper Fifes.

Am nächsten Morgen nahm ihre Mutter Freda an die Hand: »Komm, wir suchen Fife.« Sie erzählte dem Kind von ihrem Traum, und sie gingen zu einem Ort, der dem Traumort sehr ähnlich war: eine Gruppe kleiner Hügel, die sie in ihrer Vision gesehen hatte. »Da lag der alte Körper, der Fifes braves, treues Herz so viele Jahre beherbergt hatte, genauso wie in ihrem Traum«, schreibt Miss Aston den Autoren.

Sir Ridder Haggard, der berühmte britische Novellist, der »She« und »King Solomon's Mines« geschrieben hat, träumte vom Tod eines Haustieres. Sein Bericht und seine eidesstattliche Erklärung erschienen in »Proceedings«, dem Organ der »British Society for Psychical Research«, im Oktober 1904.

Am 10. Juli 1904, kurz nach Mitternacht, schrie Haggard im Schlaf auf, schlug um sich und rang nach Atem. Seine Frau weckte ihn, und er erzählte ihr, daß der Traum mit einem Gefühl der Depression begonnen hätte, und dann schien er um sein Leben zu kämpfen. Als der Traum deutlicher wurde, fühlte er, daß er im Körper seines schwarzen Jagdhundes Bob steckte. »Ich sah, wie Bob unter einem Busch nahe am Wasser auf der Seite lag«, berichtete er. »Meine eigene Persönlichkeit schien auf geheimnisvolle Weise aus dem Körper des Hundes aufzusteigen, der auf ganz unnatürliche Art seinen Kopf zu meinem Gesicht emporhob. Bob versuchte, mit mir zu sprechen und, da er sich durch Töne nicht verständlich machen konnte, übermittelte er in einer unbestimmbaren Weise die Botschaft, daß er im Sterben liege.« Haggard erzählte seiner Frau, daß er in der Nähe ein sumpfiges Gebiet gesehen hätte.

Vier Tage später fand Sir Haggard den Körper des Hundes ungefähr eine Meile vom Haus entfernt. Er schwamm im »Waverly River«. Es wurde entdeckt, daß der Hund schwer verletzt gewesen war. Ein Tierarzt stellte fest, daß der Schädel und zwei Vorderbeine gebrochen waren und daß der Körper wahrscheinlich seit mehr als drei Tagen im Wasser gelegen hatte, wahrscheinlich seit der Nacht des 9. Juli.

Haggard hörte von zwei Streckenwärtern, daß der Hund wahrscheinlich von einem Zug überfahren worden sei. Sie zeigten Haggard eine Stelle nahe einer Hängebrücke, wo noch getrocknetes Blut zu sehen war und wo sie am Montag, dem 11. Juli, ein zerrissenes Hundehalsband gefunden hatten. Es wurde angenommen, daß der Hund ungefähr zur Zeit von Haggards Traum von einem Güterzug aus Harlesdon überfahren worden war.

Wir nehmen an, daß Tiere den Tod nicht verstehen. Sie vermissen einen Spielkameraden, wenn er fort ist, oder sie empfinden Trauer, wenn ein Besitzer verreist ist, aber da wir diese Gefühle gegenüber dem Tod vermissen, denken wir, daß sie ihn nicht begreifen. Aber wie können wir dann erklären, daß ein Tier den Tod seines viele Meilen entfernten Herrn wahrnimmt, wenn er die Bedeutung des Todes nicht versteht? Ebenso rätselhaft sind solche Fälle, in denen Tiere kamen, um eine Art »letzte Achtung« zu erweisen oder ihr Leben freiwillig hingaben, während ihr Herr starb oder kurz nachher.

In der Septemberausgabe (1956) von »Fate« stand die Geschichte von William Milburn aus Durham in England, einem Vogelliebhaber. Er hatte in seinem Leben viele wilde Vögel gefangen, aber als er alt wurde, blieb nur ein einziger Vogel bei ihm, eine Singdrossel. Sie weigerte sich, fortzufliegen, und jedesmal, wenn der alte Mann kam, fing sie an zu singen und manchmal flog sie auf seine Schultern oder seinen Kopf.

Milburn erkrankte an Influenza, und die Drossel sang nur noch wenig. Am Tag, als der Mann starb, und die drei Tage lang, an denen der Sarg im Haus stand, sang der Vogel überhaupt nicht. Doch als die Sargträger den Leichnam hochhoben, um ihn fortzutragen, begann die Drossel zu singen, sie sang ihr Herz aus ihrem Körper, eine Art Requiem, als die Prozession mit dem Sarg fortzog. Als der Leichenwagen zum Friedhof fuhr, war sie wieder still, denn auch sie war gestorben.

In der Juniausgabe (1946) von Reader's Digest steht die Geschichte eines kleinen Mischlingstieres, das von Soldaten auf den Gilbert-Inseln angenommen worden war. Es wurde mit Milch gefüttert, bis es groß genug war, allein zu essen. Ihre Ersatzeltern, die Mannschaft eines Panzer-Landungsfahrzeugs, nannten das Tier Puddles, und es wurde – wie es bei einsamen Leuten üblich ist – sehr verwöhnt.

Aber das Landungsschiff hatte seine Zeit abgedient. Es kamen Befehle, es zu verschrotten und zu versenken. Eine andere Mannschaft versuchte Puddles zu adoptieren, aber das Tier wollte nicht, und die Vorschriften ließen es nicht zu, das Tier mit in die Staaten zu nehmen. An Bord eines anderen Schiffes winselte Puddles nur und verweigerte jede Nahrung. Die Mannschaft brachte das Tier deshalb zurück. Es beobachtete, wie das verurteilte Schiff abgetakelt wurde. Das Tier saß traurig am Strand, sah, wie die Männer das Schiff ausschlachteten und es schließlich auf See zogen, um es zu versenken. Nachdem das Schiff untergegangen war, kamen die Männer an den Strand zurück. Puddles war noch immer da, aber sah sie nicht mehr an, denn das Tier war tot.

Die »Gambill Wild Goose«-Reservation bei Paris (Texas) ist nach ihrem Gründer, John Gambill, genannt worden. Gambill hatte einmal einen verwundeten Gänserich gesundgepflegt und im folgenden Herbst kehrte der Gänserich mit zwölf Gänsen zurück, die ganz zahm wurden. So berichtete Joe F. Combs, der für den »Enterprise« in Beaumont (Texas) schreibt. Im nächsten Jahr hatten die Gänse schon die ungeheure Zahl von hundert erreicht, und als Gambill 1962 starb, wurde geschätzt, daß mehr als dreitausend Gänse sicher auf der Reservation überwinterten. Als Gambill im Krankenhaus der Stadt starb, flogen Hunderte Gänse aus der Reservation in die Stadt, kreisten um das Krankenhaus und krächzten ihr Requiem. Irgendwie hatten sie von dem Tod Gambills gewußt.

Was bedeutet der Tod für ein Tier? Wir wissen es noch nicht. Vielleicht ist es wie bei den Menschen, jedes Tier erlebt ihn auf seine eigene Art. Einige Tiere scheinen sein Nahen nicht zu bemerken, andere bereiten sich darauf vor; zum Beispiel suchen bestimmte Katzen und Hunde Plätze, an denen sie in ihrer Todesstunde allein sein können, sie wissen, daß sie bevorsteht.

Forscher haben herausgefunden, daß Schimpansen sich sehr vor dem Tod fürchten. Vitus B. Dröscher bezieht sich in seinem Buch »The Friendly Beast« auf die Experimente Dr. Adrian Kortlandts. Er schreibt: »Wir erkennen die Todesfurcht des Schimpansen, wenn er vor toten Tieren zurückschreckt, oder vor einem Arm oder einem Bein eines Tieres seiner eigenen Art oder sogar vor schlafenden Tieren oder leblosen Bildern. Diese Furcht ist völlig verschieden von der Furcht, die andere Tiere zeigen . . . Aber ob nun Schimpansen mit einem solchen Grad an Todesbewußtsein auch Selbstmord begehen, kann jetzt noch niemand sagen . . . Es kann auch sein, daß Schimpansen noch mehr als die Menschen den Tod fürchten und schon allein deshalb sich nicht umbringen können. Oberflächlich gesehen erscheint die Furchtreaktion des Menschenaffen beim Anblick einer Leiche viel heftiger zu sein als unsere eigene Reaktion. In diesem Sinne sehen die Tiere die Situation viel realistischer als die Menschen, die in Enttäuschungen und emotionalen Verwirrungen verstrickt sind und sich ihr eigenes Leben nehmen.«

Dr. Kortlandt stellte einmal einen Stoffleoparden mit einer natürlich aussehenden Schimpansenpuppe im Maul an eine Stelle, wo oft eine Schimpansenherde vorbeikam. Zuerst hatten sie Furcht und waren erschreckt, dann aber schlugen sie den Leoparden mit Stöcken und bejammerten den Tod dessen, was sie als ein Mitglied ihrer Art begriffen. In seiner persönlichen Korrespondenz mit Dröscher erzählt Dr. Kortlandt davon:

»Beim ersten Morgendämmern kehrte die Schimpansenherde zurück. In einer Art Begräbnisstille versammelten sie sich alle in einem großen Kreis um die Puppe. Langsam kamen einige von ihnen näher. Schließlich kam eine Mutter, deren Junges an ihrem Unterleib hing, aus dem schweigenden Kreis. Vorsichtig näherte sie sich dem ›Opfer‹ und schnüffelte an ihm. Dann ging sie zu der versammelten Herde zurück und schüttelte den Kopf. Danach ging jeder Affe schweigend fort. Nur ein Schimpanse, der durch Kinderlähmung verkrüppelt war (merkwürdigerweise leiden diese Affen sehr unter dieser Krankheit), blieb eine Weile bei der ›Leiche‹ sitzen und sah sie dauernd an. Es war, als ob er sich vom Angesicht des Todes nicht lösen konnte.

Schließlich ging er auch fort. Dann herrschte völlige Stille. Den ganzen Morgen über hörten wir keinen einzigen Schimpansen schreien, auch später am Tag nicht.

Aber der Höhepunkt war doch, daß der weibliche Schimpanse seinen Kopf schüttelte, nachdem er den toten Körper angestarrt hatte. Sicherlich, wir wissen nicht, was das Tier den stummen Zuschauern mitteilen wollte. Vielleicht: ›Nein, leider kein Lebenszeichen.‹ Aber wahrscheinlicher hieß es: ›Nein, keiner von uns.‹ Wir wissen auch nicht, warum alle Mitglieder der Herde so niedergeschlagen waren. Aber hinter diesen Schimpansengesichtern wird wohl immer eine unerwartete Welt verborgen sein.«

Im Sommer 1953 veröffentlichte Mrs. Grace N. Isaacs im Magazin »Tomorrow« ihren Artikel »Magic Zoology in the British Isles«. Sie erzählt dort die Geschichte von Henry, der bei Trelawney eine große Viehfarm besaß. Er kümmerte sich sehr um seine Tiere und wollte das anderen nicht überlassen. Er starb unerwartet, und seine Leiche wurde in einen Wagen gelegt, um ihn zur Kirche und auf den Friedhof zu fahren. Die Entfernung zwischen dem Haus und der Grenze des Anwesens war weit, und auf diesem Weg waren eine Menge Trauernde versammelt. Während dieser Prozession wurden die Trauergäste plötzlich vom Stöhnen und Brüllen der Herden aufgeschreckt. Viele, viele Tiere hatten sich aus den umliegenden Weiden versammelt und standen in langen, langen Reihen am Rand des Weges. Sie senkten ihre Köpfe, kratzten auf dem Boden und ließen Töne hören, die man sonst von ihnen nie vernommen hatte.

»Es den Bienen erzählen« war ein alter Brauch, den Bienen mitzuteilen, wenn ihr Imker gestorben war. Manchmal wurde der Bienenstock mit schwarzem Krepp umhüllt. Als der Schuhmacher und Postmann Sam Rogers in dem Dorf Shropshire in England starb, folgten seine Kinder diesem Brauch. Sie gingen um seine vierzehn Stöcke herum und erzählten es den Bienen. Im April 1961 berichtete Associated Press, daß sich die Verwandten von Rogers an seinem Grab versammelt hätten, und kurz danach wären Tausende Bienen aus den mehr als eine Meile entfernten Stöcken angeflogen gekommen und hätten sich auf und um den Sarg herum niedergelassen. Dabei übersahen die Bienen völlig die blühenden Bäume in der Nachbarschaft. Sie blieben ungefähr eine halbe Stunde und kehrten dann in die Stöcke zurück.

In »Tomorrow«, einem englischen Magazin, wurde in der Herbstausgabe 1963 eine Geschichte von einer Katze erzählt, die ihre Achtung am Grab ihres Herrn erwies. Der Korrespondent berichtete, daß sein Großvater und eine Katze namens Bill sehr aneinander gehangen hätten. Tagsüber folgte ihm die Katze, und nachts schlief sie in seinem Bett. Bei einem Eisenbahnunglück wurde der Mann schwer verletzt und lag eine Woche lang in einem Krankenhaus, mehrere Meilen von seinem Heim entfernt. Er starb im Krankenhaus, und sein Körper wurde von dort zur Kirche und dann zum Begräbnis zum Friedhof gefahren. Als die Feierlichkeiten beendet waren, sah ein Onkel des Schreibers empor und sah, wie sich Bill dem Grab näherte. Die Katze ging geradezu mit Würde zum Grab, blieb eine Weile stehen und sah auf den Sarg und nachdem sie so ihre Achtung erwiesen hatte, drehte sie sich um und lief nach Hause.

Mir macht es Spaß, in Albert Payson Terhunes Geschichten über seine Sunnybank-Collies zu lesen. Ich erinnere mich da an Jean, die, anders als die meisten Tiermütter, sich einem ihrer Kinder noch besonders zuwandte, nachdem es schon lange erwachsen war. Sie brachte ihm aus ihrem Napf die leckersten Bissen, suchte Knochen für ihn und, obwohl der Hund schon größer als sie war, wusch sie ihn jeden Tag vom Kopf bis zur Schwanzspitze. Wo auch immer Jock ging, Jean war nicht weit. Dieser Jock wurde krank und mußte isoliert werden. Das war, bevor es Antibiotika gab und obwohl Jock darum kämpfte, gesund zu werden und Terhune darum, ihn zu retten, starb der große Collie. Während Jocks Quarantäne wollte Jean nichts fressen.

Jock wurde auf einem Feld begraben, das mehr als eine Meile entfernt war. Am nächsten Morgen war Jean wieder auf den Beinen und suchte alles nach ihrem »Kindchen« ab und bellte hier und da kurz und scharf, was ihn immer herbeigerufen hatte.

Schließlich rannte sie zu Terhune zurück und wedelte mit dem Schwanz. Sie hielt sich an seiner Jacke fest und zog ihn zu dem Fleck, wo Jocks Grab war. Jean legte sich darauf nieder, wedelte immer noch mit ihrem Schwanz und wußte, daß Jock nahe war. Jeden Tag bis zu ihrem Tod, Jahre später, und gleichgültig bei welchem Wetter, besuchte Jean Jocks Grab und blieb dort stundenlang. »In ihrem Warten lag keine Trauer«, erklärte Terhune. »Es war voller fröhlicher Hoffnung.«

Mr. und Mrs. Robert King, ihre kleine Tochter, Mrs. Kings alter Vater und eine Katze namens Felix lebten zusammen in der kleinen Stadt St. Kilda in Australien. Der alte Herr starb mit neunzig Jahren, und die Katze konnte nicht beruhigt werden. Sie durchstrich Haus und Garten, suchte und schrie. Sie beschlossen, die Katze auf eine Fahrt mitzunehmen, in der Hoffnung, sie etwas zu zerstreuen. Felix blieb ruhig, bis sie die Vororte von Melbourne erreichten. Plötzlich sträubten sich ihre Haare, sie zitterte, sprang durch das Autofenster und verschwand im Verkehr.

Die Familie konnte nichts anderes tun als nach Hause zurückzukehren und zu hoffen, daß Felix allein den Weg nach Hause fände. Die Tage verstrichen, und Felix kam nicht zurück. Dann brachten Mrs. King und ihre Tochter einige Blumen zum Friedhof, und sie sahen Felix, wie er oben auf dem Grab auf und ab spazierte. Die Katze war ganz erfreut, sie zu sehen und begann, mit dem kleinen Mädchen zu spielen, wie sie es schon mit dem Großvater getan hatte. Der Friedhof war zehn Meilen von ihrer Wohnung und mehr als fünf Meilen von der Stelle entfernt, an der Felix aus dem Wagen gesprungen war.

Zweimal versuchten die Kings, Felix nach Hause zu holen, aber wenn sie am Friedhofzaun war, sprang die Katze aus dem Wagen und rannte zum Grab zurück. Sie machten mit dem Friedhofswärter aus, daß er die Katze ernährte und sich um sie kümmerte.

Als John Hetherington die Familie für seine »195 Cat Tales« interviewte, fuhr er zum Friedhof hinaus und traf Felix, der wie eine Schildwache auf dem Grab saß. Hetherington schrieb: »Diese Geschichte verwirrt mich. Vielleicht weil in ihr etwas ist, das jenseits der Grenzen menschlicher Verständnismöglichkeiten liegt.«

»Wir können kaum erwarten, auf diesem undurchschaubaren Gebiet Sicherheiten zu finden«, sagen uns Vincent und Margaret Gaddis. »Vielleicht ist es nicht so wichtig, was wir glauben, als daß wir überhaupt an etwas glauben und diesen Glauben auch überprüfen. Aber wir sind davon überzeugt, daß der Mensch sich nicht gleichzeitig eine unsterbliche Seele zuweisen und sie seinen Tierbrüdern verweigern kann; Menschen und Tiere besitzen Instinkt und Vernunft, die sich im Grad, aber nicht in ihrer Art unterscheiden; wenn Bewußtsein unsterblich ist, dann ist dies eine Eigenschaft des Lebens selbst und nicht des Homo sapiens.«

Wir müssen unser Verhältnis zum Leben neu einschätzen, um zu verstehen, daß, wenn das menschliche Leben über ein einziges Kapitel hinausreicht, es inkonsequent ist, anzunehmen, daß nur der menschliche Geist Vollendung sucht. Wie könnten wir in einer so begrenzten Perspektive J. Allen Boones Erfahrung mit dem großen Hund Strongheart verstehen?

»Strongheart war der ›Lehrer‹ und ich der ›Schüler‹, und wo wir auch waren, draußen oder drinnen, war unser ›Klassenzimmer‹«, schrieb Boone. »So funktionierte unser Kurrikulum, solange Stronghearts physischer Körper auf der Erde umhersprang. Und so funktionierte es noch immer. Er ist immer noch mein Lehrer und ich sein Schüler. Durch die illusionären Nebel von Zeit und sogar Tod, durch die Ewigkeit der Gottheit, teilt er mit mir Dinge, die für mich außerordentlich wichtig sind, zu wissen und zu praktizieren.«

Tennyson schien von der Ewigkeit allen Lebens überzeugt zu sein, als er die Worte schrieb:

> »Nichts kann gehen auf Füßen ohne Ziel,
> kein einz'ges Leben wird zerstört
> oder wie ein Nichts nicht mehr gehört,
> wenn Gott vollendet hat das Spiel.«

Theologen wie Martin Luther, John Keble und John Wesely scheinen diese Überzeugung geteilt zu haben. Wesely schrieb über Unsterblichkeit: »Die ganze Tierschöpfung wird dann sicherlich wiederauferstehen, nicht nur mit der Kraft, der Starke und Schnelligkeit, die sie bei ihrer Schöpfung besaß, sondern mit viel mehr, als sie sich jemals erfreuen durfte ... als ein Ausgleich für alles, was sie einst erlitten ... werden die Tiere fröhlich sein, wie es ihnen gefällt, ohne Zusatz, ohne Unterbrechung, ohne Ende.«

Die zivilisierten Menschen in den großen Städten haben den Kontakt mit der Natur verloren, sie sind dem Tierreich entfremdet. Aber dies ist auch eine ideologische Entfremdung und das hängt vor allem mit unserer Theologie zusammen. Vielleicht wollten die ersten Kirchenväter die Vorstellung von der »besonderen Schöpfung des Menschen« unterstützen, als sie erklärten, daß Tiere keine Seelen besäßen. Und doch ist diese Philosophie in der Bibel nirgends zu finden, auch nicht in den Worten von Jesus, und es gibt für diese Philosophie keine wissenschaftlichen Beweise. Aber wir können bei Hiob (12; 7–10) folgendes finden:

> »Frage doch das Vieh, das wird dichs lehren, und
> die Vögel unter dem Himmel, die werden dirs sagen.
> Oder rede mit der Erde, die wird dichs lehren,
> und die Fische im Meer werden dirs erzählen.
> Wer weiß solch alles nicht, da des HERRN Hand
> das gemacht hat?
> Daß in seiner Hand ist die Seele alles, daß das da
> lebet und der Geist alles Fleisches eines jeglichen?«

Wir sind zu dem Glauben gekommen, daß Tiere nur zur Annehmlichkeit und Vergnügung des Menschen geschaffen worden sind und für sich selber keine Rechte besitzen.

Östliche Philosophien haben größeren Wert auf die wesentliche Einheit alles Lebendigen gelegt, und ihre Schriften mußten nicht unterdrückt werden, um einer egozentrischen Theologie zu gefallen. Mohammed lehrte: »Es gibt kein Tier auf Erden und keinen Vogel, der mit seinen Flügeln dahinfliegt, der nicht ist wie du.« Und Buddha sagte: »Ich lehre nur eins: das Leiden und das Ende des Leidens. Freundlichkeit gegenüber allen lebenden Kreaturen ist die wahre Religion.«

Einer der größten Verteidiger der Tiere in den letzten Jahren war Albert Schweitzer. Sein Lebenswerk war der Philosophie gewidmet, daß die Liebe alle engen ethischen Systeme überschreiten solle und daß Ehrfurcht gegenüber allem Lebendigen im Zentrum unseres ganzen Verhaltens stehen müsse.

In ihrem Buch »Exploring Inner Space« schreibt Jane Dunlap über ihre mystischen Erfahrungen, die »... mir eine andere unerschütterliche Überzeugung gegeben haben ... daß alle Pflanzen, Menschen und ebenso die Menschen die gleichen Gefühle wie du und ich haben. Zum erstenmal in meinem Leben bemerkte ich die wunderbare Einheit in allem Lebendigen, ob nun Pflanze, Tier oder Mensch.«

Diese Erkenntnis scheint allen erleuchteten Menschen in der ganzen Geschichte gemeinsam gewesen zu sein, die Überzeugung von einer Einheit des Lebens. Sri Ramakrishna zog den Ärger der brahmanischen Priester auf sich, als er vom Altar Opfergaben für die Göttliche Mutter nahm und sie einer hungrigen Katze gab. Für den heiligen Franziskus waren die Tiere um ihn immer kleine Brüder und Schwestern.

Dr. Cerminara schrieb in ihrem Buch »Many Lifes, many Loves« darüber, was sie von Tieren hielt: »Ich möchte mein Gefühl für Gewißheiten nicht zu hoch stellen. Aber ich halte folgendes für gewiß: Tiere sind mit uns viel enger verwandt als wir denken. Obwohl sie keine Sprache haben, ähneln ihre Denkprozesse den unseren. Sie sind uns in ihrer Furcht, ihren Leiden, ihren Zuneigungen, ihren Frustrationen, ihrem Schrecken, ihrer Ergebenheit, ihrer Dankbarkeit, kurz in allen ihren Emotionen sehr ähnlich, auch wenn sie sie weniger vielschichtig und auf einer niedrigeren Ebene als wir erfahren. Sie sind, wie Mohammed sagte, ein Volk wie wir. Wenn man an eine Evolution oder an die Reinkarnation glaubt, müssen sie ein Volk sein, das sich wie wir auf dem langen, schwierigen Weg zur Vollendung durchschlägt.«

11 Jenseits aller Erklärungen

Es gibt wohl wenige Hunde, die so vielen Menschen geholfen haben wie Rags. Er war der einzige Insasse von Sing-Sing, der dort freiwillig war.

Rags kam von allein an einem kalten Herbsttag des Jahres 1929 in diese dunkelgraue Mauern. Er blieb zwölf Jahre und wurde noch zu Lebzeiten zu einer Art Legende. Rags war ein kleiner Mischling, zum Teil ein schottischer Hund und zum Teil ein weißhaariger Terrier. Rags verbrachte seine Tage damit, die düstere Atmosphäre des Gefängnisses aufzuhellen. Um die Männer zu unterhalten, erarbeitete er sich eine ganze Reihe Tricks, Kunststücke, Theaterstückchen und Turnübungen. Einen großen Teil des Tages verbrachte er damit, durch die Werkstätten, Zellenblocks und das Krankenhaus zu laufen.

Rags war mit allen befreundet, aber achtete sorgfältig darauf, niemanden zu bevorzugen. Die Wachen, die Wärter und die Besucher ignorierte er vollkommen. In der Speisehalle aß der Hund jeden Tag an einem anderen Tisch. Er paßte dabei genau auf, daß er keinen Tisch in seiner Runde ausließ. Abends verließ der Hund das Gefängnis und schlief im Haus eines Wärters, aber wenn irgendeine Unterhaltung oder eine Vorstellung angesetzt war, kehrte Rags noch am selben Abend wieder zurück. Er wußte immer genau, wann eine solche Veranstaltung stattfand. Der Wärter Lawes wies die Wachen an, den Hund hinein- und hinauszulassen, wann immer er es wünschte.

Rags litt sehr mit einem niedergeschlagenen, immer vor sich hinbrütenden Gefangenen. Er rieb seinen Kopf an ihm, stellte alles mögliche an, um ihn aufzuheitern, und dann führte er ihn zu einer Gruppe Gefangener, damit er nicht allein war.

Eines Nachts verließ Rags die Zellenblocks nicht. Er folgte einem Gefangenen in seine Zelle und blieb bis zum Morgen bei ihm. Dem Gefangenen war ein Gnadengesuch verweigert worden, und ganz verzweifelt dachte er, daß niemand sich darum kümmerte, wie es ihm ging. Er war entschlossen, in dieser Nacht mit allem Schluß zu machen.

Rags wußte das zu verhindern. Jedesmal, wenn er von seiner Schlafbank aufstehen wollte, knurrte der Hund, und der Mann wußte, wenn er doch weiterging, würde Rags bellen und die Wärter damit alarmieren. Schließlich dachte er, daß sich ja zumindest Rags um ihn kümmere und daß er sich selbst noch eine Chance geben sollte.

»Landstreicher« dagegen sollte so leben, wie es seinem Namen entsprach. Zum erstenmal tauchte »Landstreicher« 1957 auf dem Bahnhof von Hopewell (Virginia) auf. Zuerst verreiste er mit Vorortszügen, aber dann unternahm er längere Reisen. In den nächsten Jahren fuhr er Tausende Kilometer. Doug Storer, der Autor von »Amazing but True Animals« berichtete, daß die Eisenbahnleute ihn im Süden bis Trampa und im fernen Westen bis Cincinnati gesehen hätten. Die meiste Zeit befuhr »Landstreicher« die Seabord-, Norfolk- und Western-Linien. Bei gutem Wetter saß er hinter der Lokomotive auf dem Kohlenwagen, bei schlechtem Wetter in den Abteilen. Gleichgültig, wie weit er verreist war, immer kehrte er wieder zum Bahnhof von Hopewell zurück.

Wie die Post der USA mitteilte, kam allerdings Owney die Ehre zu, der »am weitesten gereiste Hund der Geschichte« zu sein. Die Geschichte begann 1888 in Albany (New York), als ein junger Hund sich in das Postamt einschlich. Draußen war es kalt, und der Hund schlief bald hinter einigen Postsäcken ein.

Owney wurde von den netten Postangestellten gefüttert, und dann verbrachte er einige Zeit damit, den Ablauf der Postgeschäfte zu studieren. Aber als er beobachtete, wie die Postsäcke in die Zugwagen verladen wurden, muß seine Reiselust erwacht sein, denn er verschwand mehrere Wochen lang aus Albany. Als er zurückkam, banden ihm die Postangestellten ein Halsband um, an dem ein Etikett hing, auf dem stand, daß jeder Postangestellte den Namen des Ortes einschreiben sollte, wo Owney auftauchte.

In »Just a Mutt« erzählt Eldon Roark, daß Owney durch die ganzen USA reiste, und die Zahl der Eintragungen auf seinem Halsband wurde bald schon zu einer Art Legende. Der Präsident der Post schenkte ihm einen lebenslänglichen Paß, mit dem er berechtigt war, jeden Postzug zu benutzen und eine Art Geschirr, damit er an den Ortsetiketten nicht zu schwer zu tragen hatte.

1895 ging Owney nach Alaska, dann kam er die Pazifikküste bis nach Tacoma hinunter. Er folgte den Postsäcken bis auf die Planken der S.S. Victoria, die in den Fernen Osten fahren sollte. In Japan wurde er dem Mikado vorgestellt, der ihn auszeichnete und ihm einen Ehrenpaß schenkte, mit dem Siegel des Kaiserreiches. Ähnlich erging es ihm beim Kaiser von China. Seine Weltreise brachte ihn zum Suezkanal, ins Mittelmeer und dann zum Atlantischen Ozean. Als er zurückkehrte, hatte er zweihundert Medaillen gesammelt.

Owney starb an den Wunden eines Kampfes mit einem anderen Hund. Sein Körper wurde einbalsamiert und zusammen mit seinem Geschirr und den Medaillen mehrere Jahre lang im Postmuseum von Washington D. C. ausgestellt.

Vincent und Margaret Gaddis erzählen in ihrem Buch »The Strange World of Animals and Pets« die Geschichte von Spot. Spot war ein »Feuerhund«. Das Maskottchen der Feuerwehrstation von Camden (New Jersey) begleitete die Löschzüge und beobachtete ihre Kämpfe gegen das Feuer.

Eines Nachts allerdings schlief Spot nicht in der Station, sondern im Haus von Mrs. Anna Souder, der verwitweten Mutter seiner kleinen Spielkameraden, der elfjährigen Nora und der achtjährigen Maxwell. Das Haus der Souders stand auf der anderen Straßenseite, gegenüber der Feuerwache.

Kurz nachdem er eingeschlafen war, wurde Spot von Rauch geweckt. Er lief um das Haus herum, ließ sein lautes Gebell ertönen, dann drückte er mit seinem ganzen Gewicht gegen die Tür von Mrs. Souders Schlafzimmer. Spot rannte zum Bett und zog die Bettdecke von Mrs. Souder herunter, die aufwachte, ihre Kinder nahm, das Fenster aufriß und um Hilfe rief. Dann fiel sie bewußtlos um, aber Spot blieb am Fenster und bellte. Dieses Bellen erregte die Aufmerksamkeit eines Polizisten, und bald war die ganze Familie gerettet. Spot weigerte sich das Haus zu verlassen, bis die Kinder und Mrs. Souder in Sicherheit waren.

Jack, ein Dalmatiner, war das Maskottchen eines Löschzuges in Brooklyn (New York). Er bekam die Tapferkeitsmedaille der Humane Society von New York. Eines Tages war der Zug, auf dem Jack mitfuhr, ausgefahren, um ein Feuer zu löschen. Plötzlich tauchte ein dreijähriges Kind direkt vor dem Löschzug auf. Der Fahrer bremste sofort, konnte aber den Löschzug nicht mehr anhalten. Jack sprang auf das Pflaster, schoß direkt vor den Wagen und konnte gerade noch den kleinen Jungen zur Seite schieben.

Ein anderer Jack, diesmal ein Pavian, kümmerte sich mehr darum, seinem Herrn zu dienen. Dieser hieß James Wide und war Signalmann am Uitenhage Tower auf der Strecke Johannesburg–Pretoria in Südafrika. Wide hatte bei einem Unfall beide Beine verloren, aber er wußte sich mit seinem Haustier zu helfen. Sie lebten in einem kleinen Häuschen und besorgten einen Garten. Die meiste Arbeit tat Jack, er pumpte und holte aus dem Brunnen das Wasser, säuberte das Haus, bewässerte und jätete den Garten.

In ihrem Buch »Strange as it Seems« beschreibt Elsie Hix, wie Jack jeden Morgen nach dem Frühstück das Haus verschloß und Wide in einem Wägelchen zur Arbeit zog. Wirklich berühmt wurde Jack allerdings dadurch, daß er die Hebel im Signalturm richtig bedienen konnte. Er kannte jedes einzelne der verschiedenen Signale, und wenn die Züge kamen, zog oder drückte er die Hebel, um die Signale zu setzen. Wenn es nötig war, öffnete oder schloß er auf dem Signalturm auch die Weichen. Jack arbeitete neun Jahre lang im Turm, und niemals machte er einen Fehler, der sicher einen Unfall zur Folge gehabt hätte.

Chips, halb Collie, halb Schlittenhund, war einer der vielen Helden des Zweiten Weltkrieges. Chips diente in einem Regiment der Siebten Armee General George S. Pattons. Sie erhielten ihre Feuertaufe bei der Landung der Alliierten in Sizilien.

Chips und sein Führer, John Roswell, wurden von heftigem Maschinengewehrfeuer empfangen, als sie den Strand betraten. Roswell vermutete, daß das Feuer in seiner nächsten Nachbarschaft wohl aus einer Bauernhütte kam. Bevor aber Roswell seine Kameraden darüber informieren konnte, hatte sich Chips schon losgerissen und war in die Bauernhütte gestürmt.

Roswell berichtete, daß lauter Lärm zu hören war, und dann hörte das Feuer auf. Zuerst kam ein italienischer Soldat aus der Hütte, und dann ergaben sich drei andere Maschinengewehrschützen. Sie schienen unter einer Art Schock zu stehen, der wohl von den Angriffen des Hundes herrührte, so Roswell.

In Captain Edward Paars Empfehlung, Chips das Verdienstkreuz zu verleihen, steht: »Die mutige Aktion des Hundes, allein im Handstreich einen gefährlichen Gegner außer Gefecht zu setzen und die Mannschaft zur Übergabe zu zwingen, zeugt von höchstem Selbstvertrauen und Zuverlässigkeit im Militärdienst.«

Vielleicht der berühmteste Fährtenhund aller Zeiten war Nick Charter, ein Bluthund, von dessen Liebe zu seiner Arbeit mehr als sechshundert Kriminelle erzählen können. Er gehörte Capt. Volney G. Mullikan und war von diesem auch ausgebildet worden. Nick und der Detektiv bildeten ein unzertrennliches Paar. Sie verfolgten ihre Spur so unermüdlich durch die Berge von Kentucky und Virginia, daß die Pfoten des Hundes bluteten. Auf den Straßen einer Stadt, auf denen inzwischen Menschen gegangen waren, blieben sie ebenso erfolgreich. Nick konnte eine bereits vier Tage alte Spur ausmachen oder sogar die Spur eines Mannes, der auf einem Pferd saß. Er wurde so bekannt, daß mehrere Kriminelle schon aufgaben, als sie hörten, daß er mit dem Fall beschäftigt sei.

Wir haben schon von sehr gut ausgebildeten Polizeihunden gehört, die patrouillieren, Wache stehen, Spuren finden, verfolgen, auf Befehl angreifen und Gefangene festhalten können. Aber wir haben wohl nicht daran gedacht, daß ein Hund als Detektiv eingesetzt worden ist. Der Schäferhund Dox war ein sehr erfolgreicher Fährtensucher, er konnte komplizierte Knoten lösen und Pistolen entladen, ohne sie abzufeuern.

Dox gewann 1953 den jährlichen europäischen Polizeihundewettbewerb und verteidigte dann jahrelang seinen Titel erfolgreich gegen so berühmte Hunde wie Rex vom Scotland Yard oder Xorro von der Pariser Polizei. Inzwischen war er vierzehn Jahre alt geworden und hatte vier Goldmedaillen und zwanzig Silbermedaillen gewonnen und besaß Narben von sieben Schußwunden.

Die Gaddis zitieren Dr. Carmelo Marzano, den Kommandeur der römischen Polizei: »Dox ist vielleicht als Hund geboren worden, aber er ist nicht länger mehr nur ein Hund. Er hat vielleicht mehr schwierige Fälle aufgedeckt als irgendein anderer Detektiv der Polizei. Wir halten ihn für einen unserer besten ›Männer‹.« Dox gehörte dem Polizeisergeanten Sergeant Giovanni Maimone, von dem er auch ausgebildet worden war. Jahrelang waren sie unzertrennlich. Dox' Gedächtnis scheint phänomenal gewesen zu sein. Eines Tages betraten Maimone und Dox ein römisches Restaurant, da fiel der große Schäferhund plötzlich einen Mann an, der gerade einen Teller Spaghetti aß. Man entdeckte, daß der Mann gesucht wurde, er war Dox vor sechs Jahren in Turin entkommen.

Die Sammlung mit Zeitungsausschnitten über den Hund füllt fünf dicke Ordner. Die Artikel erzählen davon, wie Dox einmal zwölf Verdächtige in Schach hielt, die mit erhobenen Armen gegen eine Mauer standen, während Maimone Hilfe holte; einmal rettete der Hund das Leben eines kleinen Kindes, als er es vor einem heranbrausenden Wagen von der Straße riß; dann fand er einen vermißten Skifahrer in den Subiaco-Bergen, nach dem bereits eine ganze Truppe mit Hunden gesucht hatte; ein anderes Mal fing er einen Einbrecher nach einer drei Meilen langen Jagd auf nur drei Pfoten, nachdem eine durch einen Schuß gebrochen war. Was allerdings Dox so berühmt werden ließ, war seine Fähigkeit, ein Verbrechen vollkommen allein zu lösen. Eines Nachts war er auf die Spur eines Einbrechers gesetzt worden, der den Nachtwächter eines römischen Juweliergeschäftes überwältigt hatte. Dox nahm diese Spur über die Kleider des Wachtmannes und über ein zurückgelassenes Werkzeug auf. Der Hund führte die Polizisten zu einer Kellerwohnung, aber der Bewohner überzeugte die Polizisten davon, daß er unschuldig ist.

Dox wollte sich allerdings damit nicht zufriedengeben. Er bellte Maimone an und lief los. Der Detektiv folgte. Der Schäferhund führte Maimone zu dem Juwelier zurück und lief in einen rückwärtigen Lagerraum. Dort nahm er einen Knopf in sein Maul und legte ihn auf Maimones Hand. Dox bellte noch einmal und zeigte damit an, daß Maimone und die anderen Polizisten ihm folgen sollten. Er führte sie zur Wohnung des Verdächtigen zurück. Dort schnüffelte er in einem Schrank, riß einen Regenmantel vom Haken und legte ihn vor die Füße Maimones. An dem Mantel fehlte ein Knopf – genau der Knopf, den sie im Juweliergeschäft gefunden hatte. Der Verdächtige gestand.

Es gibt Geschichten darüber, wie Menschen dadurch vor dem Erfrieren gerettet wurden, daß sich ihre Tiere nahe an sie legten und sie wärmten. Man kann allerdings behaupten, daß die Tiere dies tun, um ihre eigene Haut zu retten.

Aber wie sollen wir folgende Geschichte über wilde Tiere beurteilen, die doch eher als Haustiere mit den Elementen verbunden sind und menschliche Wärme nicht brauchen? Diese wilden Tiere retteten das Leben eines zwölfjährigen Kindes.

Die »Central Press of Canada« berichtete im November 1956, daß Rheal Guindon aus Opatsitka (Ontario) mit seinen Eltern zum Fischen gegangen war. Rheal war nicht im Boot, als es kenterte, und seine Eltern ertranken. Frierend und verzweifelt machte sich das Kind auf den Weg nach Kapuskasing, der nächsten Stadt. In dieser Nacht fiel die Temperatur unter null Grad. Völlig verlassen, erschöpft und durchgefroren legte sich Rheal auf die Erde und betete.

Plötzlich fühlte der Junge im Dunkeln etwas Pelziges. Er wußte nicht, was für eine Art Tier es war, aber es war warm, und deshalb legte er seine Arme um das Tier und drängte sich ganz nah an es heran. Er weinte sich selber in den Schlaf. Es war schon Morgen, als der Junge erwachte. Über und neben ihm lagen drei große Biber. Später am Morgen kam er in Kapuskasing an, seine Füße bluteten, aber er lebte.

In seinem Buch »Everyday Miracle« erwähnt Dr. Gustav Eckstein einen kleinen Spitz, der seiner zuckerkranken Herrin als Nachtschwester diente. Der Hund schlief in der Armbeuge der Frau. Er wachte sofort auf, wenn sich ihr Atemrhythmus änderte, ein Zeichen für ein drohendes Koma. Der kleine Hund sprang dann in ein Nachbarzimmer und weckte die Tochter der Frau. Nach Dr. Eckstein kann ein

Hund schneller als ein Arzt ein drohendes Koma am Atem erkennen.

J. Allen Boone betont in seinem ganzen Buch »Kinship with All Life« die Notwendigkeit, daß der Mensch erkennen sollte, daß eine wirkliche Beziehung zu Tieren von der Achtung ihrer Intelligenz und ihrer Gefühle abhängt. Ohne dies, erklärt er, können Tiere darauf dressiert werden, Befehlen der Menschen zu gehorchen, aber es gibt keinen wirklichen Austausch zwischen Mensch und Tier.

Einer der überzeugendsten Beweise für diese beidseitige Kommunikation wurde von John Solomon Rorey vorgeführt, dem vielleicht größten Trainer wilder Pferde auf der Welt. In der Mitte des 19. Jahrhunderts basierte das Zureiten von Pferden oder auch jede Tierdressur auf bloßer Furcht des Tieres vor dem Menschen. Aber Rorey ging noch an die schlimmsten Pferde mit einer Menge Liebe, Freundlichkeit und einer erstaunlichen Fähigkeit heran, die Gedanken und Gefühle seiner Schüler zu verstehen. Ralph Waldo Emerson sagte einmal über ihn: »Er hat ein neues Blatt für die Zivilisation aufgeschlagen.«

Niemand kannte Roreys Geheimnis, denn er bestand darauf, ein wildes Pferd immer allein zu zähmen. Sein Talent wurde zum erstenmal sichtbar, als er zwölf Jahre alt war. Sein Vater, Adam Rorey, hatte ein unbezähmbares Füllen auf seine Farm in der Nähe von Columbus (Ohio) mitgebracht. Es war gut genährt, aber billig gewesen, denn der frühere Besitzer hatte es aufgegeben, nachdem ein Dutzend professioneller Pferdezureiter es nicht hatten zähmen können. Er wollte dem Füllen zeigen, wer der Herr war und schlug es mit einer Peitsche. Das Pferd schnappte nach seiner Leine und schleuderte den Mann mit solcher Wucht gegen einen Zaun, daß er sich ein Bein brach.

Da er überzeugt war, daß das Pferd verrückt sei, befahl Adam, das Tier zu erschießen. Der Mann ging mit einigen Nachbarn zum Stall, aber bevor sie dort waren, sahen sie den jungen Rorey, wie er auf dem Tier aus dem Stall herausritt, auf diesem Pferd, dem niemand beikommen konnte.

Nach diesem Vorfall wurde Rorey bald berühmt. Aus dem ganzen Land wurden Pferde zu ihm gebracht, damit er sie zureite. Wenn er sie ein paar Tage behielt, brachte er ihnen auch noch bei, sich zu verbeugen, sich hinzuknien und zu galoppieren. Mit neunzehn war Rorey in Texas, um fünf der wildesten Pferde des Landes zu besiegen. Vier von ihnen hatten bereits Menschen getötet und das fünfte hatte zwei Männer zu Krüppeln gemacht.

Tausende hatten sich versammelt, um, wie sie glaubten, den Tod des legendären Rorey zu sehen. Er ignorierte die Wetten gegen ihn und betrat den Stall, in dem der erste Killer wartete. Die Menge hielt den Atem an. Die Minuten verstrichen, und die Wetten für die Pferde stiegen und stiegen. Aber nach vierzig Minuten ritt Rorey das Pferd aus dem Stall und in die Mitte der Einzäunung. Die Menge schwieg voller Staunen, er stieg ab, ließ den Killer hinknien und sich dann auf die Seite legen. Bei den anderen Pferden wiederholte sich ähnliches.

Rorey war jetzt international berühmt. Er durchreiste das ganze Land, zeigte, daß auch das gefährlichste Pferd gezähmt werden konnte und lehrte, daß man den Tieren gegenüber freundlich sein müsse. Er reiste durch Europa und zähmte in Frankreich, Deutschland, Schweden, England, Spanien und in Ägypten die wildesten Pferde.

1868 sollte Rorey in England das frühere Rennpferd Lord Dorchesters zähmen. Frank Edwards erwähnt in seinem Buch »Strange World«, daß dieses Pferd, Cruiser, seit vier Jahren für völlig verrückt gehalten wurde. Es hatte so schlimme Anfälle, daß es sich selbst biß und einen hölzernen Stall in ein paar Minuten in Stücke schlug. Es wurde deshalb in einem besonderen Stall aus Stein und Stahl gehalten.

Als die Gruppe ausgewählter Personen, Sportler und Reporter, mit Rorey zum Stall kam, schlug das Pferd so wütend gegen die Tür, daß das Gebäude in seinen Grundfesten erzitterte. Lord Dorchester fühlte plötzlich, daß er vielleicht für den Tod Roreys verantwortlich werden könnte. Er machte das Angebot, die Abmachung zurückzuziehen und Rorey für seine Mühe und seine Reise zu entschädigen.

Rorey sagte Dorchester, daß das nicht nötig wäre, er brauchte nur einen Zügel und einen Körperriemen. Als das Pferd einen Augenblick davon ermüdet war, seinen Kopf gegen den Stall zu schlagen, schlüpfte Rorey hinein, warf den Zügel über und lief wieder hinaus. Das verrückte Tier zerrte an dem Zügel, der mit einem Ring an der Wand befestigt war, bis er vor Erschöpfung hinfiel. Rorey schlüpfte wieder hinein und befestigte den Riemen an zwei Seilen. Wenn Rorey an diesen Seilen zog, konnte er die Vorderbeine des Pferdes festziehen.

Rorey saß drei Stunden lang neben dem Pferd, streichelte es, klopfte seinen Hals und sprach leise zu ihm. Immer wenn Cruiser sich sträubte, zog Rorey vorsichtig an den Leinen. Am folgenden Tag ritt Rorey auf Cruiser durch die Straßen Londons.

John Solomon Rorey starb mit dreiundachtzig Jahren, aber seine Legende und, was noch wichtiger ist, seine Botschaft leben weiter.

Eine der faszinierendsten Geschichten über die Beziehung zwischen Mensch und Tieren war Boones Freundschaft mit einer gewöhnlichen Hausfliege, die er Freddie nannte. Boone hatte sich mit der Fliege angefreundet, und jeden Morgen kam sie um sieben Uhr zu ihm und landete auf seinem Rasierspiegel. Boone lud sie dann ein, seinen Finger hinaufzukrabbeln, dabei streichelte er sanft ihre Flügel. Freddie paradierte auf seinem Finger hinauf und hinunter, und dann spielten sie : Boone warf sie in die Luft und versuchte, sie wieder auf der Spitze seines Fingers zu fangen.

Diese Rendezvous am frühen Morgen gingen eine Weile weiter, und die kleine Hausfliege kam auch, wenn Boone sie beim Namen rief. Boone erinnerte sich daran, was er vom weisen Schäferhund Strongheart gelernt hatte: »1. Im innersten waren Freddie, die Fliege, und ich als Lebewesen untrennbare Teile einer miteinander verbundenen, funktionierenden und alles einschließenden Totalität. 2. Weder sie noch ich begründen irgend etwas, wir sind nur individuelle Lebensäußerungen eines universalen göttlichen Grundes oder Geistes, das durch jeden von uns spricht und lebt und durch alles andere auch.«

Er lernte wieder, wie schon bei anderen Kreaturen, daß man viel lernen könne »wenn man ruhig zu dem Tier spricht. Nicht wie zu einer ›Fliege‹ mit allen begrenzenden und häßlichen Dingen, die wir einer Fliege gewöhnlich zulegen, sondern wie zu einem lebendigen kameradschaftlichen Wesen . . .«

Grace Wilea hat ein Stück Schlangengeschichte mit ihrem Zoo nahe Long Beach (Kalifornien) gemacht. Sie hat diese Philosophie und diese innere Kommunikation mit den Schlangen versucht, die ihr gebracht wurden. Sie hat es gelernt, mit allen Arten von Schlangen zu kommunizieren, denen ein schlechter Ruf vorausging – riesige Königkobras, die über fünfundzwanzig Fuß lang waren, ägyptische Kobras, Kupferköpfe, Mokassinschlangen, Nattern, australische schwarze Schlangen, Vipern, Lanzenschlangen, grüne Mambas, Tigerschlangen und alle Arten Klapperschlangen. Man hat gesehen, wie sie die meisten Giftschlangen in weniger als einer Stunde besänftigte. Man lernt schnell, daß nur Verständnis, Freundlichkeit und Liebe weiterhilft.

Die Proberts, Boones, Roreys, Lillys, Kimballs, Lydeckers, Mojave Dans, die Indianer – alle die es wirklich gelernt haben, mit Tieren zu kommunizieren – sagen uns, daß ein wirklicher Austausch von Herzen kommt, aus der Intuition einer universalen Sprache, in der es zwischen den einzelnen Arten keine Schranken gibt. Tiere besitzen eine große psychische Sensibilität, und wenn wir uns mit ihnen austauschen wollen, müssen wir offensichtlich die Grenzen unserer Rationalität überschreiten auf tiefere Bereiche des Geistes hin.

Die westliche Wissenschaft hat gerade damit begonnen, ein Bewußtseinsmodell zu entwickeln, das paranormale Fähigkeiten verstehen läßt. Außersinnliche Wahrnehmung ist in der Öffentlichkeit allgemein anerkannt worden, und diese Anerkennung hat viele Leute ermutigt, diese Talente weiterzuentwickeln. Je mehr Leute Psi-Fähigkeiten besitzen, desto mehr Testpersonen sind verfügbar und desto eher können Wissenschaftler Hypothesen über die Struktur des Gehirns und des Geistes aufstellen.

Nach dem Bisherigen ist vielleicht deutlicher geworden, daß Tiere auf vielfache Weise uns im Gebrauch ihrer Psi-Fähigkeiten überlegen sind. Deshalb mag es sinnvoll für diejenigen sein, die ihre psychischen Fähigkeiten weiterentwickeln wollen, mit ihren Haustieren z. B. telepathische Kommunikationsmöglichkeiten zu erproben. Hunde, Katzen, Vögel und andere Haustiere sind ausgezeichnete Sender und Empfänger solcher Nachrichten.

Der Hund meines Nachbarn, Rex, scheint dessen Gedanken lesen zu können. Rex fährt gerne Auto, und er scheint die Gelegenheit dazu schon voraus zu spüren. Er rennt zum Wagen und beginnt zu bellen, wenn seine Besitzer fortfahren wollen, aber noch gar nichts in ihrem Benehmen darauf hindeutet. Andererseits ignoriert Rex den Wagen an Wochentagen völlig, er weiß dann, daß er nicht mitfahren darf.

Unser Basset Sady sitzt auf dem Anhänger, wenn wir etwas zu erledigen haben und von der Farm fortfahren. Er scheint immer genau zu wissen, wann wir etwas länger parken, dann springt er herunter. Wenn wir nur kurz fort sind, wird er immer auf dem Wagen bleiben.

Es gibt viele Geschichten über Hunde, die am Straßenrand auf ihre Herren warten, wenn sie von der Arbeit heimkommen. Die Hunde wissen es immer so einzurichten, daß sie ein paar Minuten vor dem Eintreffen des Wagens dort sind. Aber wenn ihr Herr über Nacht bleibt, werden sie nicht zur Straße laufen, erst dann wieder, wenn er wirklich kommt.

Rev. Charlie W. Shedd, presbyterianischer Pastor in Houston (Texas), berichtete in der »Post« (Houston, 15. Mai 1966) über eine seiner Gemeindemitglieder, daß mit einem seiner Pferde eine ungewöhnliche Erfahrung gemacht hatte. Die junge Frau lebte in der Stadt, und ihre beiden Reitpferde waren auf einer Weide, fünf Meilen von der Stadt entfernt. Eines Morgens erwachte sie um zwei Uhr morgens, das Wiehern eines Pferdes hatte sie geweckt. Sie wußte, daß in ihrer städtischen Umgebung keine Pferde lebten, und versuchte deshalb, wieder einzuschlafen. Aber da war wieder das Wiehern, sie hörte es laut und deutlich und mit ihm eine warnende Stimme, daß sie zur

Weide gehen sollte.

»Wie krank bist du?« fragte sie sich. »Verlierst du deinen Verstand? Es ist zwei Uhr morgens!«

Sie konnte aber nicht widerstehen, sie zog sich an und fuhr zur Weide. Im Schein ihrer Taschenlampe erkannte sie ihre Lieblingsstute: Sie hatte sich in Draht verwickelt und schrie sich ihre Lungen aus dem Hals. Das Pferd hielt still, während ihre Herrin den Draht aufwickelte und ihre Hufen befreite. Das Pferd trug nur ein paar Schrammen davon.

Dem Naturforscher Archibald Rutledge erzählte einmal eine Frau, daß ihr Setter Marcella genau wußte, wann sein Herr starb. Die Geschichte war 1946 in der Aprilausgabe des »Magazine Digest« abgedruckt worden.

Der Ehemann der Frau war auf einer Geschäftsreise und blieb über Nacht. Mitten in der Nacht wachte sie durch das Knurren des Hundes auf. Sie knipste das Licht an, der Hund stand in der Tür mit gesträubten Haaren. »Seine Stimme war tief, heiser und fremd«, erzählte die Frau und fügte hinzu, daß Marcella sich verhielt, als wenn sie voll Furcht wäre und etwas sehe, was die Frau nicht sehen konnte. Der Setter heulte dann ganz kläglich und rannte in einen Schrank, wimmerte und kauerte sich in eine Ecke. Das war bei dem gewöhnlich braven Hund ein ganz ungewöhnliches Verhalten.

Eine halbe Stunde später kam die Nachricht, daß Marcellas Herr bei einem Autounfall getötet worden war. »Irgendwie«, erzählte die Frau Rutledge, »hat Marcella alles gesehen, glaube ich.«

Richard H. Lee aus Arizona starb eines Nachts bei einem Autounfall in Phoenix. Gegen Mitternacht hatte seine Frau von seinem Tod erfahren. Am nächsten Morgen merkte sie, daß der von ihrem Mann heiß geliebte schwarze Kater sehr aufgeregt war. Er wollte nicht ins Haus kommen und ließ sich auch nicht von Mrs. Lee anfassen.

In der »Arizona Republic« schrieb sie: »Als ich ihm etwas Futter hinausstellte, kletterte er wie in Panik auf die Steinmauer hinter dem Haus.« Die Katze blieb in der Nachbarschaft. Manchmal sah Mrs. Lee sie, wie sie das Haus beobachtete, aber wenn sie versuchte, näher zu kommen, rannte die Katze weg.

1960 erzählten John und June Robbins in dem Magazin »This Week« die Geschichte von Flak, dem Hundemaskottchen der Besatzung eines Bombers im Zweiten Weltkrieg. Flak blieb immer auf der Basis in Tunis zurück, aber erschien immer auf dem Flugplatz, wenn das Flugzeug seiner sechs Herren zurückkehrte.

Eines Tages, das Flugzeug war gerade unterwegs, begann Flak sehr laut und traurig zu heulen. Er beruhigte sich nicht, und als die Flugzeuge zurückkehrten, wollte Flak zum erstenmal nicht auf die Landebahn. Irgendwie wußte er, daß der Bomber kurz vor Mittag über Italien abgeschossen worden war.

Duke war ein eingetragener Vorstehhund, der über entwickelte außersinnliche Kräfte verfügte. Seine Geschichte wurde in »Exploring the Unknown« (Bd. 3, Heft 3) erzählt, und dann noch einmal von den Gaddis in ihrem oben erwähnten Buch.

Es scheint, daß K. G. Dee den Hund bekommen hatte, als er noch ein Junge gewesen war. Wenn Dee in der Schule war, fuhr Duke mit einem Boten, der Fred hieß, herum. Immer wenn Fred hielt, um ein Paket abzuliefern, blieb Duke auf dem Wagen sitzen und hielt die Zügel des Pferdes im Maul. Aber wenn die Schule aus war, lief Duke nach Hause, um mit Dee zusammen zu sein.

Eines Tages erzählte Fred dem Vater Dees, daß Duke geradezu beängstigend klug sei. Er verstünde jedes Wort, das man zu ihm sagte. Immer wenn er sich einen Tag frei nahm, erzählte er Duke, daß sie am nächsten Tag nichts zu erledigen hätten und er nicht ins Warenlager kommen sollte. Niemals hatte sich Duke an solchen Tagen sehen lassen. Wenn Fred Ferien machte, erzählte er Duke, er solle erst eine Woche später wiederkommen, und es war sicher, daß Duke sich bis zu Freds Rückkehr weder am Wagen noch in der Lagerhalle sehen ließ.

Einmal hatte sich Mr. Dee entschlossen, sich gegen den örtlichen Metzger aufstellen zu lassen. Es ging um einen Posten in der Stadtverwaltung. Bis dahin hatte Duke Dee immer begleitet, wenn er beim Metzger etwas zu besorgen hatte. Aber von da an wollte er nicht mehr in das Geschäft. Der Metzger gewann die Wahl, und Duke wollte nie mehr in den Metzgerladen.

Der englische Parapsychologe H. H. Price, Professor für Logik in Oxford, erklärte, warum die meisten Menschen keine telepathischen Botschaften empfangen. In London sagte er vor der Society for Psychical Research: ». . . der Grund, warum die meisten von uns keine telepathischen Eindrücke zu empfangen scheinen, liegt darin, daß wir zu viele empfangen. Deshalb hinterläßt jedes einzelne von ihnen kein besonderes oder individuelles Zeichen in unseren Gehirnen.«

Vielleicht beschäftigen wir unsere Gehirne zu stark mit den Daten, die unsere fünf Sinne übermitteln, und bemerken kaum die ganze Welt der Informationen in unseren außersinnlichen Möglichkeiten. Tiere sind weniger mit den Verwicklungen des Lebens beschäftigt, sie stimmen mehr als wir unmittelbar mit der Natur und den psychischen Bereichen überein. Der Naturforscher nennt dies das verborgene Herz der Natur, und einige Indianer sprechen von dem Tief-Wissenden. Carl G. Jung beschrieb eine Intelligenz jenseits des individuellen Intellekts, das große kollektive Unbewußte, in dem, raum- und zeitlos, alle Erinnerungen, Gedanken, alles Wissen aufbewahrt sind. Dieser geistige Schatz bleibt überall gleich. Alle Lebensformen nehmen daran teil und sind darin eingeschlossen. In diesem universalen Sein leben die individuellen Geister zusammen, gleichgültig in welcher physischen Form sie zu wohnen scheinen. In einem neuen Medium wissen sie voneinander und nehmen auf vorher nie erfahrenen Wegen aneinander teil.

12 Tiersprache

»Denn alles lebendige, wie der Mensch, besitzt nicht nur eine äußere physische Form, sondern hat auch einen inwendig geistigen Teil. Indianer müssen ein Tier töten oder eine Kiefer fällen, um ihre physische Form für ihre materiellen Bedürfnisse zu gebrauchen. Aber bevor sie das tun, rufen sie das geistige Leben der Pflanze oder des Tieres an, Quellen psychischer Energie. Solche Rituale gibt es in ganz Amerika, im alten Mexiko, besonders noch im Südwesten. Ich sehe es so, daß wir uns diesem Glauben nähern müssen, um die äußeren und inneren Lebensbedingungen zusammenzubringen. Nur so können wir die große Kluft zwischen unseren Gedanken und unseren Herzen schließen. Über die Brüche denke ich dies: Wenn wir die Natur ohne Bedenken zerstören, zerbricht der Mensch, der auch ein Teil der Natur ist, sein eigenes inneres Selbst. Denn das Unbewußte des Menschen gleicht der Natur und ist in ihr verwurzelt. Und durch unseren destruktiven und materialistischen Rationalismus haben wir unser unbewußtes Selbst von der irdischen Substanz unseren wesentlichen Seins entfremdet . . . Wir müssen auf die Stimme des versteckten und unsichtbaren Geistes der Erde selbst hören.«

Als ich diese Sätze entdeckte, las ich sie mehrmals. Ich erinnerte mich an die Worte von Lois Fliegende Wolke, die sie mir vor vielen Jahren gesagt hatte: »Wenn du lernen willst, auf den Wind zu hören, wenn er spricht«, sagte sie, »und wenn du die Sprache anderer Tiere, als du selbst es bist, entdecken willst, wirst du niemals dein eigenes Innerstes verlieren.«

Die oben zitierten Sätze standen in einem Interview, das James Peterson mit Frank Waters führte. Es wurde 1973 in der Maiausgabe von »Psychology Today« veröffentlicht, unter dem Titel »Lehren der indianischen Seele«. Frank Waters ist der Autor der Bücher »The Colorado Book of the Hopi« und »The Man Who Killed the Deer«. Man sieht in ihm den heute wohl wichtigsten Schriftsteller über die Indianer. Waters Schriften sind deshalb so wichtig, weil man aus ihnen lernt, daß Sprache viel mehr als ein Rosenkranz von Worten sein kann, daß die tiefste, begründetste Kommunikation aus dem Herzen, nicht aus dem Verstand kommt.

Was an »Jonathan Livingston Seagull« so wunderbar ist, ist weniger, daß dieses Buch eine moderne Mythologie ist, die verborgene Wahrheiten allegorisch offenlegt. Das war es sich auch, aber während man verstand, daß diese Geschichte mit dem Aufenthalt des Menschen in dieser und in anderen Welten zu tun hatte, war man auch sicher, daß die Geschichte von Seemöwen handelte. Erzählt wurde, daß nicht, wie im jüdisch-christlichen Glauben, Unsterblichkeit allein für unsere Spezies reserviert ist. Aber etwas in unserem Unterbewußtsein oder auf den intuitiven Ebenen unserer Herzen sagt uns, daß wir unser Schicksal mit dem des großen weißen Vogels teilen. Die Freude und der Optimismus, die wir empfinden, wenn wir das Buch lesen, von denen Bach selber beansprucht, daß es aus einer anderen Dimension zu ihm gekommen wäre, kehren jede logische Überzeugung ins Gegenteil. Wenigstens einen Augenblick lang freuen wir uns an einer Gewißheit, daß alles Leben eins ist.

Job erzählt uns: »Jetzt aber frage die Tiere, sie werden dich lehren; sie werden mit dir reden . . .« Wir tendieren dazu, Kommunikation mit Worten gleichzusetzen; wenn wir Musik oder anderer Kunst beschreibende Sätze unterlegen, vergessen wir, daß sie selber schon Sprache sind. Wenn jemand Musik genau kommentieren will, dann nur mit musikalischen Mitteln, auf Malerei muß er mit Malerei antworten. Wörter ließen uns unsere Anfänge vergessen. Wir brauchten sie, um unsere Erfahrungen über die Jahrhunderte hinweg in eine Chronik zu bringen. Aber sie haben uns von uns selbst entfremdet, und wir meinen, etwas zu bezeichnen, hieße schon, es zu verstehen. Wörter sind unser Ausweis zum Paradies gewesen, aber sie dienten dazu, uns von den anderen Bewohnern dieses Planeten zu entfremden. Vielleicht meinten wir, daß sie uns nichts zu bieten haben . . . außer ihrem Fleisch, ihrer Arbeit, ihrer Treue und Hingebung. Offensichtlich lagen wir damit falsch. Vielleicht werden wir entdecken, daß wir nicht die weisesten Bewohner des Erdkreises sind. Jedenfalls beginnen wir, auf andere Stimmen im Wind zu hören.

In diesem Kapitel werden wir die Bemühungen einiger Tiere erforschen, unsere Sprache zu meistern, vielleicht weil sie nicht mehr daran glaubten, daß wir jemals ihre Sprache respektierten; wir werden uns die Kommunikation zwischen Tieren und zwischen Tieren und Menschen ansehen; noch wichtiger, wir werden von den Erfahrungen der Leute berichten, die die Begrenzungen der Form überschritten und auf mystische Weise sich mit anderen Kreaturen ausgetauscht haben und so den Rand des Bewußtseins selbst berührten.

Seit unserer frühen Kindheit sind wir nicht mehr darüber erstaunt, daß Papageien die menschliche Sprache sprechen können. Einige Jahre später lernten wir, daß Krähen, Elstern und Dohlen das gleiche könnten, allerdings mit einem leichten Krächzen. Der österreichische Ethnologe und Tierpsychologe Lorenz meint, daß einige Papageien die menschliche Sprache nicht nur nachäffen, sondern daß hinter diesen Tönen vielleicht gelegentlich eine bestimmte Gedankenassoziation steht.

Lorenz schreibt in »King Salomon's Ring«, daß viele graue Papageien nur zu einer bestimmten Zeit des Tages »Guten Morgen« sagen und nur jeweils einmal zu einem Individuum. Lorenz' Freund, Professor Otto Koehler, gehörte ein alter grauer Papagei, der auf den Namen »Geier« hörte. Lorenz schrieb, daß dieser Geier über außergewöhnliche Talente verfügte und z. B. »Na, auf Wiedersehen« sagte, aber nur, wenn der Gast auch wirklich aufbrach.

Koehler und Lorenz wollten den Papagei austricksen. Jemand tat so, als ob er ging, er ging sogar zur Tür, aber Geier blieb still. Wenn aber jemand versuchte, unbemerkt durch die Tür zu entkommen und auch wirklich fortging, dann rief der Vogel »Na, auf Wiedersehen!«

M. Hachet-Souplet, der Direktor des Instituts für zoologische Psychologie in Paris, lehrte einem Papagei das Wort »Schrank« zu sagen, wenn eine kleine Schachtel gezeigt wurde, in der sein Futter war. Die Schachtel hing an der Wand, und Hachet-Souplet mußte auf eine Leiter steigen, um an die Schachtel heranzukommen. Jedesmal, wenn er auf die Leiter stieg, sollte der Papagei »kletter hoch« sagen. Das hatte er gelernt. Eines Tages hing Hachet-Souplet die Schachtel oben an die Wand des Laboratoriums, und die Leiter wurde in eine Ecke des Raums gestellt. Der Papagei sollte nun das Problem lösen, wie sein Wohltäter die Schachtel voller Hanfsamen erreichen könne. Bis er das Problem gelöst hatte, wurde der Papagei mit Hirse gefüttert, die er nicht besonders mochte.

Am ersten Tag schrie der Papagei »Schrank! Schrank! Schrank!« und biß an den Stangen des Käfigs. Er ärgerte sich, daß er Hirse fressen mußte. Am zweiten Tag, er hatte schon viel Lärm geschlagen, konzentrierte er sich auf die Leiter. Es dauerte einen Augenblick, dann schrie er »Leiter, kletter hoch, Schrank!« Er bekam seinen Hanfsamen.

Susy Smith hat eine Reihe aufregender Bücher über psychische Phänomene und paranormale Talente geschrieben. Sie erzählte mir vor kurzem eine interessante Geschichte bei einer Tasse Kaffee in ihrem Heim in Tuscon. Ein Bewohner des Parrot Jungels in Miami, ein

Papagei, sagte eines Tages einen Satz, der genau paßte, den er aber nie gelernt und auch nie aufgeschnappt hatte.

Mrs. Franz Scherr, die Frau des Besitzers, kümmerte sich um die Eintrittskarten am Eingangstor und geriet eines Tages mit einem Mann über den Eintrittspreis aneinander. Sie versicherte dem Mann, daß keine Ausnahmen gemacht werden könnten, er drehte sich beleidigt um. Der Papagei turnte in der Nähe auf einer Stange, und als der Mann wegging, wobei er einige Schimpfwörter murmelte, rief der Vogel »Geh zur Hölle!« Er sagte das in einem Tonfall, der dem von Mrs. Scherr so sehr ähnelte, daß sich der wütende Tourist umdrehte und sie böse ansah. Der Vogel »war ein Gentleman, der eine Lady, so gut er konnte, verteidigte«, sagte Susy.

Experimente mit Schimpansen haben gezeigt, daß sie über mindestens 32 verschiedene Töne verfügen. Diese Töne drücken verschiedene Gefühle aus: Angst, Furcht, Hunger, Zorn usw. Sie können damit aber auch Unterhaltungen mit Mitgliedern der Gruppe führen.

Judy, der Schimpanse, der in der Fernsehserie »Daktari« spielte, konnte 125 verschiedene Befehle unterscheiden. Das Vokabular von Menschenaffen ist von Dr. L. R. Garner und dem deutschen Wissenschaftler Georg Schwidetsky aufgezeichnet worden. In seinem Buch »Animal I. Q.« zitiert Vance Packard Schwidetsky, der die Überzeugung geäußert hat, daß bestimmte Worte der Menschenaffen mit Wortwurzeln aus dem alten China identisch sind, die auch von den Buschmännern in Südafrika benutzt werden.

Versuche, Affen unsere Sprache beizubringen, blieben immer dabei stehen, daß sie einige Worte wiederholten. Allerdings sind in den letzten Jahren Untersuchungen über die spontanen Gesten der Schimpansen gemacht worden. Man fand heraus, daß Schimpansen und Kinder Zeichensprachen benutzen, die sich in mehrfacher Hinsicht ähneln. Dr. W. M. Kellog versuchte, einem Schimpansen die Zeichensprache der Taubstummen beizubringen. In einem Jahr konnte dieser neunzehn Zeichen verstehen und gebrauchen. Einige dieser Zeichen bedeuteten Verben und Adjektive, die der Schimpanse in verschiedenen Zusammenhängen richtig benutzte.

Man hat einigen Erfolg damit gehabt, Elefanten den Unterschied zwischen verschiedenen optischen Symbolen beizubringen. Sie haben es gelernt, auf einer kleinen Maschine mit leicht lesbaren Lettern zu schreiben. Karl-Erik Fichtelius und Sverre Sjolander schreiben in ihrem Buch »Smarter Than Man?«, daß Elefanten nur schlecht sehen können, daß aber ihre Sensibilität an ihrer Rüsselsspitze geradezu phantastisch sei. Die Autoren betonen, daß man mit Tieren entsprechend ihren starken, nicht ihren schwachen Seiten zusammenarbeiten sollte. Sie fragen sich, warum wir Elefanten keine Blindenschrift beibringen.

Man hat geschätzt, daß das durchschnittliche Haustier ungefähr sechzig Worte versteht, aber von einigen Tieren nimmt man an, daß sie mehrere hundert Worte verstehen. Fellow, ein Schäferhund, wurde in der Universität von Columbia und New York überprüft, und man fand heraus, daß er mehr als dreihundert Wörter versteht. George und Helen Papashvily, die Autoren des Buches »Dogs and People«, schreiben, daß Fellow wirklich die Wörter, nicht die Tonlage oder andere Anhaltspunkte begriff. Wenn vertraute Befehle in anderen Sätzen auftauchten, verstand der Hund dies immer noch. Sein Besitzer teilte mit, daß er nur in einem sinnvollen Zusammenhang mit dem Schäferhund sprach und daß er ihn nie belohnte oder bestrafte, er sagte höchstens »Guter Hund« oder »Schäm' dich«.

In den vierziger Jahren erregte ein sprechender Hund großes Aufsehen. Blitz war ein großer Schäferhund, der in Boston lebte. Paul Phelan vom New Yorker »Sun« »interviewte« Blitz in der Public School 48, wo sein Herr, Arthur J. Devlin, Hausmeister war. Phelan sagte, ihm hätte es die Sprache verschlagen, als der Hund murmelte: »Guten Morgen, ich möchte meine Puppe.«

Devlin erzählte, er hätte die Fähigkeit des Hundes, zu sprechen, 1942 entdeckt. Wie schon oft vorher hätte er damals zu Blitz gesagt: »Möchtest du raus?« und der Hund brummelte: »Möchte raus.« Er glaubte, nicht richtig gehört zu haben und rief deshalb einen Nachbarn. Der Hund wiederholte sein Kunststück.

Devlin sagte Phelan, er könne nie sicher sein, was der Hund sagen würde. Er erzählte einen Vorfall, als er Blitz einmal in eine Taverne in Bay Ridge mitgenommen hatte. »Ich gab ihm ein Viertel und er legte seine Pfoten auf die Bar, stellte sein Viertel hin und sagte: ›Ich möchte einen Hamburger‹. Der Barkeeper ließ ein Glas Bier fallen und erlitt einen Schock.«

Mr. Lucky, ein Terrier aus Boston, konnte eine Reihe von Wörtern sprechen. Er wurde von Dr. William Perkins von der Speech Clinic der University of Southern California überprüft. Dr. Perkins nahm Mr. Luckys Sprechstimme auf. Er beschrieb sie als dünn und hoch, sie ähnelte sehr einer sprechenden Puppe. Seine natürliche Stimme dagegen war tief. Der Hund hatte einige Schwierigkeiten, bestimmte Konsonanten zu artikulieren, dabei war seine Sprache aber verständlich.

Der Reporter der »News« von Salt Lake City interviewte den Terrier und schrieb: »Er spricht nicht in dummem Knurren, das als Sprache nur interpretiert werden kann, sondern artikuliert erkennbare Worte und Sätze.«

Mrs. J. T. Davis aus Midvale (Utah), die Besitzerin Mr. Luckys, erzählte den Reportern, daß sie eines Tages wohl zu lange im Haus eines Nachbarn geblieben war. Der Hund begleitete sie und langweilte sich offensichtlich. Er erklärte: »Puh, komm nach Hause.«

Man muß sich wohl fragen, welche Rolle bei diesen Erzählungen über eine Unterhaltung mit Tieren die Einbildungskraft spielt. Wenn allerdings die Sprachfähigkeit dieser Tiere von verschiedenen Personen bestätigt wird, unter ihnen auch von unbeteiligten, kann man die Berichte nicht einfach ignorieren. Vor mehreren Jahren machte sich ein anderer Hund, Pepe, ein Chihuahua, einen Namen als sprechender Hund.

Gelegentlich streckte Pepe seinen Kopf in die Luft und ließ einige liederartige Silben hören, wie »Ich liebe dich« und andere kleine Gefühlsäußerungen. 1966 beschrieb Clare Adele Lambert in der Juliausgabe des »Fate« einen solchen Fall: »Ein dünner singender Ton begann in Pepes Hals, wenn er seine Muskeln bewegte. Dann hob er seinen Kopf hoch, öffnete weit sein Maul und sang die Worte in einer für so ein kleines Tier sehr lauten Stimme.« Sie behauptete, daß Pepe nicht monoton sprach. »Er singt eher, als daß er spricht, obwohl es eher eine Kombination aus beidem ist. In jedem Satz geht er die Tonleiter hoch und runter und benutzt dabei drei oder mehr Töne.«

Pepe gehörte Jerry Genovas aus Torrance (Kalifornien). Er erschien mehrmals im Fernsehen. Die Autorin Susy Smith war allerdings von Pepes Sprachfähigkeiten nicht überzeugt. Sie hatte Pepe nicht selber gehört, aber sie fragte eine Reihe Leute, die Pepe direkt oder im Fernsehen gehört hatten. Man war geteilter Meinung, erzählte Susy mir. Einige waren davon überzeugt, daß der Hund Wörter sprach, sie verglichen den Ton mit einem Kind, das sprechen lernt. Andere dagegen meinten, es wäre eher Pepes Tonlage gewesen, weshalb man dachte, es wäre Sprechen.

Untersuchungen haben gezeigt, daß Hühner ein Vokabular von ungefähr 25 Signalen besitzen. Rotwild schlägt das Geweih gegen Bäume oder Büsche, um eine Botschaft zu übermitteln. Diese Tiere sind auch dafür bekannt, den Boden aufzuscharren, wenn Gefahr droht. Ein Elch wird als Signal für Gefahr ein kurzes Schnauben von sich geben, und die Herde wird sofort fliehen. Wenn wiederum einer der Anführer der Herde eine bestimmte Kopfbewegung macht, wird sich die ganze Herde in die angezeigte Richtung wenden.

Konrad Lorenz entdeckte, daß ein im Kampf besiegter Wolf seinen Schwanz zwischen seine Beine klemmt und seine Kehle entblößt. Man dachte, das sei eine Art Einladung an seinen Gegner, ihn zu töten. Aber offensichtlich geschieht das selten oder nie. Der besiegte Wolf darf sich davonschleichen.

Eine bestimmte Lerchenart kann menschliche Stimmen imitieren. Aber Zoologen haben berichtet, daß zumindest eine Lerche sieben menschliche Lieder singen und andere Wörter und Zahlen wiederholen konnte, so Vitus B. Dröscher. Er berichtet, daß eine Lerche einmal ihre Fähigkeiten benutzt habe, um einen Schäfer und seine Hunde völlig zu verwirren. Der Schäfer gebrauchte Pfiffe, um seinen Hunden Befehle zu geben, und diese Pfiffe waren genau abgestimmt. Eine ansteigende Tonleiter von fünf Pfiffen, wobei der letzte ganz tief war, hieß: »Rennt fort!« Einer oder mehrere kurze Pfiffe bedeuteten ein jeweils abgestuftes: »Beeilt euch!«, ein auf- und abschwellender langgezogener Pfiff hieß für die Hunde sofort mit allem aufzuhören, was sie gerade taten und zu ihm zu kommen.

Die Lerchen beherrschten alle diese Zeichen, und die Hunde waren inmitten dieser Töne, die von ihrem Herrn und von seinen Nachäffern produziert wurden, schon ganz frustriert. Die Hunde konnten den Unterschied nicht erkennen, sie lernten dann, nicht eher etwas zu unternehmen, bis das Signal mit einer Handbewegung unterstrichen wurde.

Der Ornithologe Dr. Erwin Iretzel verglich die Pfiffe des Schäfers mit denen der Lerchen. Es stellte sich heraus, daß der Schäfer nicht sehr musikalisch war. Er traf denselben Ton selten zweimal. Er hatte auch keinen genauen Sinn für Rhythmus. Die kleinen Lerchen hatten allerdings mit so etwas keine Schwierigkeiten. Sie wiederholten die Töne, die sie gelernt hatten, gleichbleibend exakt. Sie benutzten dabei alle Intervalle der C-Dur-Tonleiter ohne eine einzige ungenaue Note.

»Das führt zu einer anderen Frage: Wenn ihr Vorbild in der Melodie und im Rhythmus so ungenau ist, wie erreichen die Lerchen für sich selbst ein gleichbleibendes Muster?« fragt sich Dröscher. »Es ist vielleicht phantastisch, aber die Vögel handeln ganz deutlich auf ihre eigene Initiative hin. Sie übersetzen das, was sie gehört haben, auf eine Weise, die ihren eigenen Anlagen entspricht.«

In den Worten Dr. Iretzels: »Die Lerche begriff die ›Idee‹, die ideale Form dieses Motivs, und pfiff es so, wie der Schäfer vielleicht meinte, daß er es auch täte, wobei es ihm allerdings nur selten gelang ... Die

Lerche brachte die Pfiffe des Schäfers viel klarer und musikalischer hervor. Die Lerche pfiff ihre Töne zarter und die Tonleiter eleganter. In musikalischen Begriffen, sie verfeinerte die Pfiffe, so wie sie waren. Hier entfaltete sich also ein erstaunliches Gefühl für Form und Metrik, und das bei einem Vogel, von dem niemand bis dahin angenommen hatte, daß er ein guter Sänger ist. Sicherlich hat niemand irgendwelche Ordnungsprinzipien in dem schnatternden Durcheinander vermutet, das dieser Vogel hervorbringt.«

Der Fall der Lerchen steht nicht allein, und sie können nicht als gefiederte Wunderkinder angeführt werden. 1966 wurde in der deutschen Presse von Dr. Iretzel berichtet, der das gleiche Phänomen bei gewöhnlichen Amseln im Park von Garmisch-Partenkirchen beobachtet hatte. Die Vögel imitierten die Pfiffe eines Mannes, der damit seine Katze herbeirief. Das nahm für die Vögel allerdings ein unglückliches Ende, denn man beobachtete, wie die Katze hinter einem der Vögel herrannte, die dumm genug gewesen waren, sie zu rufen. Ähnlich unglücklich machte ein Papagei auf sich aufmerksam, der der Familie meiner Frau gehörte, als sie noch ein Kind war. Manchmal gelang es dem Papagei, aus seinem Käfig auf einen nahen Baum zu entkommen. Sofort fing er an, zu rollen »Hier, kitty, kitty«, während die Familie schon ganz aufgeregt war und versuchte, ihn ins Haus zurückzubekommen.

Johannes Kneutgen vom Max-Planck-Institut in Seewiesen führte ein Experiment mit einer Elster durch. Während der Vogel sang, stellte er ein Metronom in die Nähe. Wie ein Opernsänger auf den Dirigenten hörte die Elster auf das tickende Instrument. Sie hielt das Tempo ihres Liedes genau im Takt des Metronoms. Wenn das Tempo allmählich schneller wurde, beeilte sich auch der Vogel, Schritt zu halten. Aber als das Instrument fortfuhr, schneller zu werden, entschied sich der Vogel, nicht mehr länger Schritt zu halten. Statt dessen fing der Vogel mit einer anderen Melodie an, eine, »deren natürliches Tempo der Schnelligkeit des aufdringlichen Instrumentes entsprach. Könnte es einen besseren Beweis geben, daß Vögel ein Gefühl für die Schönheit musikalischer Formen besitzen?« fragt Dröscher.

Dröscher erklärt, daß viele Wissenschaftler darin übereinstimmen, daß die Gesänge der Vögel mehr als bloßen Zwecken dienen. Sie sind nicht nur Kriegsgesänge, bedeuten nicht nur das Abstecken eines Reviers oder sollen anwerben, sie besitzen auch eine ästhetische Qualität, die einfache Kommunikation übersteigt. Dröscher fragt: ». . . produzieren diese Vögel etwas, das als ein erster Schritt zur Kunst angesehen werden kann?« Er antwortet: »Nach langen, langen Jahren der Forschung glauben viele Wissenschaftler, daß eine solche Annahme gerechtfertigt ist.«

Lorenz kommentiert diesen Satz: »Wir wissen, daß der Gesang der Vögel seine höchste Perfektion erreicht, wenn er nicht dem Abstecken eines Territoriums, dem Anlocken eines Weibchens oder der Beunruhigung eines Rivalen dient. Ein Blaukehlchen, eine Amsel, eine Dohle singen ihre kunstvollsten Lieder nur dann, wenn sie für sich selbst schöpferisch singen, wenn sie ausgeglichen sind. Wenn der Vogel sich dagegen auf ein Ziel richtet, wenn der Vogel gegen einen Rivalen singt, der sich einem Weibchen zeigen will, dann verlieren sich die tieferen Feinheiten.«

Im Max-Planck-Institut für Verhaltensforschung in Bayern untersuchte Dr. Eberhard Gwinner mehrere Raben. Man denkt, daß Raben besonders intelligent sind, denn sie krächzen nicht nur oder machen verschiedene Töne nach, die sie in ihrer Umgebung aufgeschnappt haben, sondern sie können die menschliche Stimme auch besser nachmachen als ein Papagei. Einer von Dr. Gwinners Raben, Wotan, machte gerne das Bellen eines Hundes nach, während ein anderer Rabe, Freya, Wotans Gefährtin, gerne wie ein Truthahn schrie.

Eines Tages verschwand Wotan, und Freya suchte ihn verzweifelt. Dabei tat sie etwas, das sie vorher nie gemacht hatte. Sie begann, den von ihrem Gefährten besonders geliebten Ton einzusetzen, sie bellte. Und Wotan antwortete umgekehrt mit Freyas Truthahnschreien, ein Laut, auf den er vorher niemals gekommen war. Sie setzten ihr Rufen fort und fanden sich. Dann kehrten sie beide sofort zu ihren bevorzugten Tönen zurück. Kneutgen, vom selben Institut, entdeckte inzwischen, daß Dohlen den bevorzugten Laut ihres Gefährten immer dann benutzen, wenn der umherstreifende Gefährte zu lang fortgeblieben ist. Jemanden »Beim Namen zu rufen« scheint sich nicht auf eine Spezies zu beschränken.

In dem oben erwähnten Buch berichtete Dröscher, daß Kneutgen junge Dohlen beobachtete, die in »die Schule gingen«. Fünf Junge seien aus dem Nest zu einem nahen Baum geflogen und hätten sich dann auf einen Ast zu beiden Seiten ihres Vaters gesetzt. Dieser ging dann daran, sie zu unterrichten. Zuerst sang er ihnen eine Melodie vor, während sie aufmerksam mit erhobenen Köpfen zuhörten. Nach einer Weile begannen sie, sehr leise und dabei immer noch zuhörend mit ihrem Vater zusammen zu singen. Der Vater wiederholte dann die Melodie so lange, bis beide Kinder jede Note genau nachsangen.

Der amerikanische Entomologe, Edward O. Wilson, entdeckte, daß Ameisen verschiedene Gerüche mischen können. Dadurch entwickeln die Ameisen in ihrem Vokabular mehr »Wörter«, als ihr Körper Duftdrüsen besitzt. In seinem Aufsatz »Pheromones«, 1963 im »Scientific American« erschienen, schrieb Professor Wilson, daß Insekten ihre Signaldüfte mit verschiedenem Druck versprühen können und so Düfte mit verschiedener Stärke produzieren. Auf diese Weise schaffen die Ameisen sich eine Art Morsealphabet.

Gegenüber der erstaunlichen Welt des Delphins müssen wir allerdings unsere Überlegenheit anzweifeln. Hunderte Geschichten und ebenso viele Untersuchungen berichten von der außergewöhnlichen Intelligenz, der Toleranz, der Geduld und der selbstlosen Liebe dieser Tiere.

Ich begegnete meinen ersten Delphinen an der Küste Floridas, als ich nach Makrelen fischte. Ich war ihnen zunächst gar nicht besonders freundlich gesonnen. Spielend tanzten und sprangen sie hinter unserem Boot umher und vertrieben jede Makrele innerhalb einer halben Meile. Aber bald hatte ich an ihren Vorführungen am frühen Morgen meine Freude. In der Nähe des Strandes, unweit unseres Häuschens, versammelten sie sich und spielten »Nachmachen«: Was immer der Leit-Delphin machte, die anderen ahmten es zusammen und gleichzeitig nach.

Sie beschützten unsere Küste vor Haifischen. Ich hatte schon viele Geschichten von Delphinen gehört, die Menschen im Wasser beschützten oder retteten. Aber ich hatte dem wenig Glauben geschenkt. Aber als ich eines Tages auf einem Riff nach Korallen tauchte, erlitt ich plötzlich fast einen Schock, als sich ein großes torpedoförmiges Etwas auf mich im Wasser zu bewegte. Ich dachte sofort »Ein Hai!« und tauchte wahnsinnig vor Angst hoch. Im nächsten Augenblick war es ganz nah bei mir, und ich war überglücklich, als ich entdeckte, daß es ein Delphin war. Er blieb direkt neben mir, als ich weiterschwamm, aber als ich an der Wasseroberfläche war und er beruhigt schien, daß ich bequem mein Boot erreichen konnte, verschwand er so schnell wie er gekommen war.

Ein älterer Nachbar vertraute auf die Delphine, daß sie ihn nach einem Ausflug auf See heimbringen würden. Mehrmals in der Woche legte er sich auf einem großen aufgeblähten Reifen auf den Rücken und ließ sich von den Wellen hinaustreiben. Er hätte dabei gefährlich weit vom Ufer wegkommen können, aber das geschah nie. Einige wachsame Delphine entschieden jedesmal, daß er nun weit genug draußen gewesen wäre, und stießen ihn sofort zum Strand zurück.

Vincent und Margaret Gaddis sprechen über die Kontakte mit Intelligenzen aus dem Weltraum, das erste nichtmenschliche Wesen, mit dem wir auch komplexe Unterhaltungen führen werden, wird wohl der Delphin sein.

Die Wissenschaftler können ihre Entdeckung immer noch nicht fassen, daß Delphine eine größere Hirnrinde als wir besitzen. Diese graue, gewundene Masse, die den Rest des Gehirns umgibt und uns wahrscheinlich die Möglichkeit entwickelterer Rationalität gibt, ist beim Delphin vielschichtiger als bei uns.

Vor mehreren Jahren machte die US Navy eine Spezialstudie über die großen Seesäugetiere in ihrem Forschungsinstitut auf den Jungfraueninseln. Die Navy erhoffte sich von den entwickelten Schwimmfähigkeiten des Delphins Anregungen für ein geplantes Unterseeboot. Die Studie stand unter Leitung des Neurophysiologen Dr. John C. Lilly. Niemand hätte gedacht, auch nicht Lilly, wie bedeutsam die Entdeckungen sein würden.

Um mit den Delphinen Schritt zu halten, mußte Dr. Lilly einen Computer einsetzen. Er fand heraus, daß ihre Gehirne, verglichen mit denen der Menschen, unglaublich schnell arbeiten. Colin Taylor, der Kurator des Ozenariums in Port Elizabeth (Südafrika), hat geschätzt, daß das Gehirn des Delphins sechzehnmal schneller als das des Menschen arbeitet. Er fragt sich, wie sie so viele Informationen behalten können. Dr. Lilly setzte in das »Lustzentrum« des Delphins eine Elektrode. Er sagte, der Delphin hätte gleich gelernt, wie der Schalter anzuknipsen sei, der den Strom einschaltete. Affen müssen meist mehrere hundert Versuche unternehmen, bis sie diese Technik beherrschen.

Dr. Lilly erzählt in seinem Buch »Man and Delphin«, wie einmal ein junger Delphin außerhalb der Sichtweite der Gruppe von drei Haien angegriffen wurde. Er begann, mehrere verzweifelte Signale auszusenden, immer zwei kurze Pfiffe, der erste wurde immer höher und der zweite ging ganz tief hinunter.

Das Ergebnis war erstaunlich. Mehr als zwanzig Delphine, die sich gerade lebhaft unterhielten, beendeten sofort ihre Konversation. Es entstand absolute Stille. Dann rasten die Delphine mit ihrer höchsten Geschwindigkeit zum Ort des Angriffs, sie erreichten dabei ungefähr eine Geschwindigkeit von vierzig Meilen in der Stunde. Ohne sich zu verlangsamen, rammten die männlichen Delphine die Haie, die bald völlig zerschmettert waren und leblos auf den Grund des Meeres sanken. Inzwischen hatten sich die weiblichen Delphine um den schwer verwundeten jungen Delphin gekümmert. Zwei der Weibchen nahmen ihn zwischen sich, schoben ihre Flossen unter ihn und hoben ihn an die Wasseroberfläche, so daß sein Atemloch über dem Wasser lag und er atmen konnte. Sie machten das alles sehr sorgfältig und verständigten sich über gepfiffene Signale. Von Zeit zu Zeit unterstützten sich die Weibchen bei dieser Arbeit. Es ist bekannt, daß Delphine einem verwundeten Mitglied ihrer Gruppe auf diese Weise zwei Wochen lang geholfen haben, Tag und Nacht, bis der Delphin wieder völlig gesund war.

Dröscher zitiert den deutschen Psychiater G. Pilleri, der einmal gesagt hat, daß das Gehirn des Delphins »einen Grad der Zentralisierung erreicht, der dem Menschen weit überlegen ist . . . die ranghöchste Stufe unter den Säugetieren wird heute nicht mehr selbstverständlich dem Menschen zugeteilt«. Und der Physiker und Biologe Leo Szilard sagte in seinem Buch »The Voice of the Dolphin and Other Stories« voraus, wenn der Mensch jemals mit Delphinen sprechen könnte, dann würden diese »Intellektuellen der See alle Nobelpreise für Physik, Chemie und Medizin gewinnen und den Friedenspreis obendrein«.

Einen überzeugenden Beweis für eine Unterhaltung zwischen Delphinen erbrachte Dr. Lilly. Er trennte in einem Bassin zwei Delphine durch eine Platte dünnen Metalls. Zuerst eröffneten die Delphine ein schrilles Pfeifkonzert. Sie konnten die Töne des jeweils anderen erkennen, sich aber nicht sehen. Sie versuchten, so hoch zu springen, daß sie sich sehen konnten, aber schafften es nicht.

Dann wurden beide still. Nach einer Weile fing allerdings das Männchen an, sein Weibchen zu ermutigen, mit ihm zu sprechen. Er hielt einen sehr ausgedehnten Monolog, bis sie dann antwortete. Als sie denn schließlich sprach, war das Männchen still, bis sie fertig war. Dieser Wechsel der Stimmen dauerte verschieden lange.

Man hat herausgefunden, daß der Delphin Töne bis zu 150 000 Hertz hören und Töne bis zu 120 000 Hertz aussenden kann. Sie bringen zwei Grundtöne hervor, dann pfeifende Geräusche und Serien schnell wiederholter Knackergeräusche, deren Frequenzen bis zu 120 000 Hertz hoch gehen. Diese Knackergeräusche werden zur Echolokalisierung benutzt und am meisten gebraucht.

Laboratoriumsversuche haben gezeigt, daß das Sonarsystem des Delphins besser ist als das der Fledermaus. Um dies zu überprüfen, wurden Gummibecher auf die Augen von Delphinen gesetzt, so daß sie nichts sehen konnten. Obwohl sie auf diese Weise für eine Zeitlang blind waren, schwammen die Delphine in ihren Bassins mit hoher Geschwindigkeit umher, ohne anzustoßen. Sie konnten Fische fangen, die ins Wasser geworfen wurden, und ein Delphin, so berichtet Maurice Burton in seinem Buch »The Sixth Sense of Animals«, konnte sogar eine Gelatinekapsel, die mit Wasser gefüllt war, von einem Fisch gleicher Größe unterscheiden.

Man nimmt an, daß die Sprachentwicklung Hand in Hand geht mit der Entwicklung der Hirnrinde. Karl-Erik Fichtelius und Sverre Sjolander schreiben in ihrem Buch »Smarter Than Man?«, daß vieles dafür spricht, daß bei Säugetieren »es einen kritischen Gehirnumfang gibt, unter dem Sprache unmöglich ist und über dem Sprache nicht nur möglich, sondern wahrscheinlich ist. Die moderne Informationstheorie behauptet, daß die Anzahl der miteinander verbundenen aktiven Elemente die Funktionsfähigkeit bestimmt.

Was nun die Anzahl der Elemente betrifft, so ist das Gehirn des Delphins dem Menschen überlegen.«

Fichtelius und Sjolander schreiben weiter, daß eine andere Sprachvoraussetzung ist, daß es etwas zu kommunizieren gibt. Neuroanatomische Forschungen hätten nun gezeigt, »daß der Delphin über sein Auge und sein Gehör so viele Informationen wie wir aufnehmen kann. Wie wir sind sie soziale Tiere und haben bestimmt so viel zu kommunizieren wie der prähistorische Mensch, der bestimmt schon eine Sprache gehabt hat. Eine dritte Voraussetzung sind sicherlich Ausdrucksmöglichkeiten. Auch daran fehlt es dem Delphin in keiner Weise.«

Dr. Lilly fand heraus, daß Delphine Frequenzen benutzen, die viereinhalbmal höher liegen als die des Menschen, und daß sie per Einheit viereinhalbmal so viele Informationen wie der Mensch aufnehmen können. Denn der Delphin verfügt über zwei getrennte Systeme, die Töne produzieren, eins in jeder Hälfte seines Atemlochs, und sie können gleichzeitig gebraucht werden. Dr. Lilly glaubt, daß ein Delphin neunmal so viele Informationen gleichzeitig aussenden kann wie der Mensch.

Dr. Kenneth S. Norris vom Ozeanographischen Institut Makapuu auf Hawaii hat seine pazifischen Delphine über Telefon mit atlantischen Delphinen im Marinelaboratorium in Miami sprechen lassen. Dazu wurden ein Unterwassermikrophon, Telefonkabel und ein Unterwasserlautsprecher benutzt. Man erzielte erstaunliche Ergebnisse. Jeder Delphin ließ den anderen ausreden, bevor er antwortete.

Von diesem Telefonversuch wurden zwei Schiffsingenieure, T. G.

Lauf und H. A. P. Smith von der US Naval Ordnance Test Station in Pasadena (Kalifornien), ermutigt, die Sprechfähigkeiten der Delphine weiter zu erproben. Ein Pärchen, Doris und Dash, wurden in zwei getrennte schalldichte Bassins gesetzt und erhielten ein Unterwassertelefon. Die Telefonverbindung konnte jederzeit unterbrochen werden.

Doris und Dash wußten immer ganz genau, wann der Anschluß funktionierte und wann nicht. Über ihren »Tonaustausch« äußerten sie sich sehr präzise. Niemand sprach länger als jeweils fünf Sekunden. Wenn keine Antwort kam, schwieg er oder sie. In bestimmten Abständen schnatterten die Delphine einige Töne, vielleicht um herauszufinden, ob der andere wieder am Apparat war.

Drs. John Dreher, William E. Evans und J. H. Prescott von der Lockheed Aircraft Corporation hörten fünf große Tümmler mit elektronischen Hörgeräten ab. Sie plazierten fünfzehn Bojen an den Eingang der Scammon-Lagune, ungefähr hundert Meilen südlich von San Diego (Kalifornien). Die Delphine lebten in der Lagune, und die Bojen wurden in ihrer Abwesenheit befestigt. Als sie von einem ausgedehnten Ausflug in den Ozean heimkehrten, sahen sie die Bojen. Sie hielten sofort an, drehten um und blieben in sicherer Entfernung.

Sie besprachen sich eine Minute, und dann wurde einer der Delphine als »Scout« eingesetzt. Er entfernte sich von der Gruppe, näherte sich vorsichtig den Bojen und schwamm von einer zur anderen. Er kehrte zu seinen Kameraden zurück, und dann tauschte die Gruppe ein schrilles Gewirr von Pfiffen aus. Nach dieser Diskussion schwamm ein anderer Delphin zu den Bojen, um sie zu untersuchen. Als er zurückkehrte, war wieder ein heftiges Pfeifen zu hören. Jetzt waren sie beruhigt, und alle Delphine bewegten sich leise und vorsichtig durch die Bojen hindurch und schwammen in die Lagune.

Am 18. Oktober 1976 berichtete Associated Press aus Moskau, daß im Schwarzen Meer eine »Delphinschule« die Hilfe eines Fischerbootes beansprucht hätte. Das kleine Boot war plötzlich von einer Menge Delphine umgeben, die das Boot in die Richtung einer Boje stießen. Die russischen Fischer fanden dort einen jungen Delphin, der in der Ankerkette der Boje gefangen war. Die Männer konnten das Delphinbaby befreien, und dann stieß die Gruppe Delphine Freudenpfiffe aus. Sie begleitete das Fischerboot bis in den Hafen zurück.

Die zufällige Entdeckung, daß Delphine menschliche Stimmen nachahmen können, eröffnet die aufregende Möglichkeit, daß der Mensch und der Delphin vielleicht miteinander kommunizieren können.

Eines Tages imitierte ein Delphin die Geräusche von Dr. Lillys Laboratoriumsmannschaft. Er ließ eine Reihe von Geräuschen in einem Viertel der normalen Geschwindigkeit hören. Seine eigene Stimme sagte »drei-zwei-acht«, und sofort wiederholte der Delphin klar und deutlich in einer Art hohem Pfeifen die Worte. Diese Entdeckung wurde dadurch bestätigt, daß die Delphine andere Serien von so etwas wie Quaken, Knacken und Pfiffen in einer langsameren Geschwindigkeit ertönen ließen, und dann war die Nachahmung einer menschlichen Stimme zu hören. Man fand heraus, daß die Delphine die Geräusche im Laboratorium nachahmten, auch Gelächter, aber dies achtmal so schnell wie die menschliche Sprache.

1966 schrieb Robert Conly in der Septemberausgabe der »National Geographic«, daß er einen Delphin deutliches Englisch hätte reden hören: »Beim Beginn einer Unterrichtsstunde hörte ich ihn fröhlich seinem Trainer sagen ›All right, let's go!‹ Außerdem konnte er von eins bis zehn zählen.« 1965 schrieb Dr. Lilly in der Maiausgabe des »Newsletter« des Communications Research-Instituts: »Man kann mit einem begeisterten Delphin nicht monatelang Tag für Tag eine halbe Stunde lang in äußerster Schnelligkeit Vokale austauschen, ohne davon überzeugt zu sein, daß der Delphin kommunizieren will. Er versucht dies nicht nur, sondern er macht es auf eine bessere Art und Weise als die menschlichen Forscher. Delphine können schauspielern, sie benutzen mehrere physische Begleiterscheinungen der menschlichen Sprache so gut, daß sie unschwer zu hören ist.«

Dr. Lilly experimentierte mit einer Reihe Silben. Eine Reihe dieser Töne sprach er in einer bestimmten Ordnung zu einem Delphin namens Elver. In 82 bis 92% aller Fälle wiederholte Elver die richtigen Töne und in der richtigen Reihenfolge, und das in Zehnerserien, was für einen Menschen schon sehr schwer sein dürfte.

Der wissenschaftliche Schriftsteller Artur C. Clarke hat vermutet, daß Delphine, da sie keine Schallplatten besitzen, eine mündliche Geschichte entwickelt haben, die von Generation zu Generation weitergegeben wird. Der Mutterdelphin säugt sein Baby achtzehn bis einundzwanzig Monate lang, und sie bleiben während dieser Zeit sehr eng zusammen. Angesichts dessen hat Dr. Lilly überlegt, ob die Mutter ihrem Baby während dieser Zeit das ganze Wissen der Delphine und ihre Legenden beibringt.

Vielleicht haben wir die Intelligenz der Tiere unterschätzt, weil wir annahmen, daß unsere Leistungsvorstellungen die einzig maßgebenden sind, daß die Entwicklung einer Technologie und der Aufbau einer komplexen Zivilisation alleine Fortschritt und Größe angeben. Wir dachten, Intelligenz wäre immer von unserer Art: Gott besitzt unendlich viel davon, Tiere besitzen weniger, aber es bleibt immer eine Frage der Abstufung, nicht der Art selber. Da wir annahmen, daß die sogenannten niedrigeren Kreaturen uns nichts beizubringen haben, hörten wir auch nicht auf sie. Mit unserer Kurzsichtigkeit und unserer Unzulänglichkeit lebten wir in dieser Welt, während uns ein großer Teil dieser Welt entging.

Das Geheimnis des Zuhörenkönnens wird von J. Allen Boone in seinem Buch »Kinship with All Lifes« erörtert. Er erwähnt, daß es einigen Menschen gelungen ist, mit Tieren zu kommunizieren, daß sie aber nicht eine zweiseitige Brücke aufbauen konnten. »Auf ihren Brücken konnten ihre Gedanken von ihnen zu ihren Hunden fließen, aber nicht von ihren Hunden zu ihnen. Sie waren eifrige Sender, aber keine eifrigen Empfänger. Und das warf automatisch jede wirkliche Beziehung aus dem Gleichgewicht.«

Books spricht von seinen Erfahrungen, wirklich mit seinem Schäferhund Strongheart zu kommunizieren: »Als ich versuchte, Strongheart zu hören und zu verstehen, wenn er stumm zu mir sprach, oder besser wenn er durch den Geist des Universums gesprochen wurde, waren meine konventionellen Ohren ein großes Hindernis. Sie waren auf rauhe und mißklingende irdische Geräusche eingestellt und konnten die zarte universale Geistessprache nicht erfassen, besonders wenn sie sie über ein Hund erreichte. Ich kam nur dann wirklich voran, wenn ich den größten Nachdruck auf die ›praktisch verlorene Kunst des Zuhörens‹ legte, die, wie William Butler Yeats betonte, ›die Kunst ist, die der Ewigkeit am nächsten ist‹.«

Als ich eines Abends mit meinem Schäferhund Baron über eine Wiese wanderte, blieb er plötzlich stehen und setzte sich vor mich hin. Ich versuchte, an ihm vorbei zu kommen, aber er setzte sich wieder vor mich hin: Ich verstand, daß er versuchte, mir etwas zu sagen. Er starrte mich an, bis ich mich auch ins Gras setzte, dann drehte er sich um und blickte in die untergehende Sonne. Seine Augen blieben in den Westen gerichtet, bis die Sonne untergegangen war. Als er aus seinen Träumen aufwachte, stieß er mich etwas an, und wir nahmen unseren Weg über die Wiese wieder auf, er war ganz verspielt, und ich war in meinen Gedanken versunken. Ich spürte fast so etwas wie Ehrfurcht.

13 Was daraus folgt

In den zurückliegenden Jahren erlebten wir einen atemberaubenden Durchbruch in der Ausdehnung menschlicher Möglichkeiten. Dabei war die Erforschung unseres Innenlebens aufregender als die der Außenwelt. Wir wissen jetzt, daß der Mensch über Möglichkeiten verfügt, von denen wir vor ein paar Jahren nicht einmal geträumt hätten. Sicherlich hat dabei die Reise in den Weltraum neue Türen zum Universum geöffnet, und wir stehen an der Schwelle neuer Raum- und Zeitdimensionen.

In der neuen Feldtheorie haben wir gelernt, daß alles mit allem verbunden ist. Nach diesem Modell gibt es keine wirkliche Isolation oder Trennung. Die Energieforscher behaupten inzwischen, daß eine genauere Analyse der Energie es immer wahrscheinlicher macht, daß die Energie selber einen Weg zum Bewußtsein öffnet – die Welt wird zum Gedanken.

Wenn dieses letzte Bild der Grundstruktur des Universums stimmt, dann können paranormale Fähigkeiten, psychische Phänomene, mystische Erfahrungen usw. leichter erklärt werden, als wenn wir analysieren wollen, wie der Geist Materie oder Materie den Geist bestimmt. Wenn alles innerhalb der Ebene des Bewußtseins existiert, gibt es diese Schwierigkeit nicht mehr. Glück ist ein Gedanke, ebenso wie auch letztlich ein Tisch Gedanke ist, der Unterschied liegt nur im Beobachter.

Die Kirlian-Fotografie (eine Hochfrequenzfotografie, die anstelle von Licht ein elektrisches Feld benutzt und Bilder der Aura um Körperteile, Blätter, Blumen usw. aufzeichnet) und äußerst empfindliche Voltmeter haben uns die Mittel gegeben, den Energietransfer von einer Person zu einer anderen zu erfassen, z. B. bei Heilungsprozessen oder auch bei einer Pflanze. So wurde gezeigt, daß Pflanzen, die geliebt wurden, besser wuchsen als ungeliebte Kontrollpflanzen.

Gedanken können als Energie begriffen werden. Das wurde in einem Versuch gezeigt, als besonders Sensible intensiv das Wachstum von Pflanzen über Hunderte Meilen hinweg beeinflussen konnten. Cleve Backster, ein Experte für Polygraphen, nahm auf Polygraphen und elektroenzephalographischen Maschinen die Antworten von Pflanzen auf, die emotionalen und geistigen Einsätzen der Experimentierpersonen entsprachen. Marcel Vogel, Chemiker bei IBM in San José (Kalifornien), setzte sehr starke Elektronenmikroskope ein, um in mikroskopischen Lebensformen Veränderungen durch Gedankenspuren festzustellen.

Eine gewaltige Forschungsarbeit ist in diesem Jahrzehnt an alle diese Gebiete verwandt worden, und unser Universum ähnelt nicht mehr dem unserer Kindheit. Das alte ist verschwunden und ein viel größeres ist an seine Stelle getreten. Unser Universum dehnte sich nach innen und nach außen aus, aber jetzt sind wir nicht mehr sicher, wo das eine endet und das andere beginnt.

Wenn wir durch diese neu entdeckten Fenster schauen, bemerken wir, daß alles Leben eins ist, der Ausdruck einer alles durchdringenden Intelligenz. Wie könnten wir sonst die Liebe verstehen, die Bobbie dreitausend einsame Meilen gehen ließ, um seinen Herrn zu suchen, die Hingabe, die Felix am Grab seines Herrn festhielt oder die Chips seinen Hals riskieren ließ, um seine Kompanie vor einem Maschinengewehrnest zu schützen. All das scheint auf einen universalen Geist hinzudeuten, in dem alles Leben sein Sein findet. Könnte dies Missies Fähigkeit erklären, die Zukunft zu sehen, oder wie ein Schwalbe Jahr für Jahr zum selben Platz zurückkehrt, wie Duke die menschliche Sprache verstehen kann und sogar eigene politische Überlegungen anstellt, woher eine Katze weiß, wann genau die wöchentliche Auktion stattfindet, woher Rags wußte, daß er darauf achten mußte, daß sich ein verzweifelter Häftling nicht das Leben nimmt, wie Hunde aus dem Tod zurückkehren, um ihre frühere Herren vor einer Gefahr zu warnen, woher Zip wußte, daß es Sonntag und Zeit war, in die Stadt zu laufen, wie Gyp wissen konnte, daß es Weihnachtsabend und Zeit für seinen jährlichen Besuch war?

J. Allen Boone bietet uns einige Antwortmöglichkeiten. In seinem Buch »Kindship with All Lifes« schreibt er: ». . . Strongheart und ich waren geistige Wesen, bevor wir möglicherweise als materielle Ausdrücke des Lebens objektiviert wurden. Deshalb mußten der Hund und ich uns als geistige Wesen in Beziehung setzen, bevor wir uns auch auf anderen Gebieten verbinden konnten. Immer wenn ich von diesem Standpunkt ausging, stimmten Strongheart und ich völlig überein . . .«

Wir machen vielleicht einen Fehler, wenn wir die tierische mit unserer Intelligenz vergleichen, während sie als besonderer Ausdruck des universalen Bewußtseins vielleicht so gut wie wir denkt, allerdings auf verschiedene Weise. Aber sie teilt offensichtlich auch viele unserer Fähigkeiten.

Es wäre falsch anzunehmen, daß alle Tiere rein und fast wie Heilige wären. Wir haben von vielen Fällen gelesen, in denen Tiere menschliches Leben gerettet haben. Wir sollten aber nicht die Fälle übersehen, in denen sich Haustiere, aus welchen Gründen auch immer, gegen ihre Herren gewandt haben. Einer meiner Verwandten wurde fast von einem Bullen getötet, den er schon als Kalb gepflegt und wie ein Haustier behandelt hatte. Nur seine Bulldogge konnte damals sein Leben retten. Wir wissen auch von Hunden, die Menschen getötet oder verkrüppelt haben, die sich einmal um sie gekümmert hatten.

In seinem Buch »The Friendly Beast« beschreibt Vitus Dröscher einen anderen menschlichen Fehler, Hinterlist und Täuschung, der auch bei Tieren vorkommt, hier bei einem Babybiber. Er gehörte zu einer Kolonie, die jeden Morgen gefüttert wurde. Der junge Biber wünschte immer die besten Leckerbissen und war immer der erste am Futterplatz.

»An einem Tag allerdings«, schreibt Dröscher, »war er zu spät zur Fütterung erschienen, und als er aus dem Wasser kroch, waren die großen und erwachsenen Biber schon um den Trog versammelt. Darauf glitt das Junge wieder ins Wasser zurück und schlug mit seinem breiten Schwanz dreimal auf die Wasseroberfläche. In der Bibersprache heißt das äußerste Gefahr. Wie ein Blitz verschwanden alle Biber im Wasser, und der freche kleine Bursche hatte den Futtertrog für sich allein.«

Manchmal stehlen Haustiere Essen von unseren Tischen. Wenn wir dann behaupten, sie wüßten es nicht besser, können wir das auch sagen, wenn sie unser Leben retten? In ihrem Buch »The Strange World of Animals« erzählen Vincent und Margaret Gaddis die Geschichte einer Katze, die etwas bereute und sich bessern wollte.

Timothy schien sich daran gewöhnt zu haben, daß der Kanarienvogel frei im Haus herumfliegen durfte. Aber eines Tages gelang es Timothy, den Vogel zu fressen. Die Katze wurde dafür bestraft und aus dem Haus getrieben. Aber einige Stunden später kam sie wieder. »Ganz vorsichtig trug sie in ihrem Maul einen kleinen Sperling und legte ihn vor die Füße seiner Herrin.«

Unsere üblichen Vorstellungen von Tierinstinkten können nicht die

Lieben und Hingabe beschreiben, die so oft bei Tieren vorkommen. Wenn Überleben für sie so wichtig ist, warum setzen sie dann ihr Leben aufs Spiel, um Menschen und andere Tiere zu retten? Curly, unser Koyote-Schäferhund-Mischling, hatte deutlich begriffen, daß Skitter, unser kleiner Terrier, in Gefahr war, von einem Traktor überfahren zu werden. Er sprang vor die Maschine und schubste den kleinen Hund aus dem Weg.

Delphine überwinden jede Strecke, um ihre Art zu retten und bleiben angesichts von Gefahren völlig furchtlos. »Als einer der größten und gefährlichsten Räuber der Welt, ein dreißig Fuß langer Killerwal, in eine Delphinschule einfiel, die in lautes Alarmpfeifen ausbrach, könnte man denken, daß die Tiere in Panik fliehen würden – wie die Menschen es in ähnlichen Situation oft tun«, schreibt Dröscher. »Doch das war nicht der Fall. Zunächst versuchten die Delphine, verwundete Kameraden zu retten; erst dann machten sie sich davon.«

Zu den vielen Eigenschaften der Delphine gehört, daß sie zu uns freundlich sind, gleichgültig, wie wir sie behandeln. Dröscher: ». . . Menschen haben oft Delphine verfolgt, gefangen, auf sie geschossen und sie getötet. Trotzdem ist kein Fall bekannt geworden, daß ein Delphin sich gegenüber einem Menschen feindlich verhalten hat – nicht einmal, wenn der Mensch einen Delphin töten will.«

In ihren ausgezeichneten Büchern über Tiere erwähnen die Gaddis mehrere Fälle, in denen Hunde sich der Todesgefahr ausgesetzt haben, um ein anderes Tier zu retten. Eine dieser Geschichten handelt über Eldon Bisbee, der in New York City lebte und einen kleinen französischen Pudel besaß. Eines Nachts kam ein Taxifahrer mit seinem verletzten Hund an seine Tür. Er sagte Bisbee, er wäre durch einen Schneesturm gefahren und hätte plötzlich stoppen müssen, weil ein Schäferhund den Weg versperrte. Der Hund wollte nicht aus dem Weg gehen. Als er das Tier anrief, kam es an sein Fenster, winselte und rannte zu einer Schneebank. Der Taxifahrer kletterte aus seinem Wagen und entdeckte den verletzten Pudel. Der Schäferhund stand über dem Pudel und wedelte mit seinem Schwanz. Als er den kleinen Hund hochgehoben und in seinen Wagen gelegt hatte, sah er sich nach dem Schäferhund um, aber er war verschwunden.

Dr. W. F. Sturgill arbeitete für die Norfolk-and-Western-Railroad als Arzt. Ihm gehörten mehrere schöne Hunde, und er war Präsident der National Foxhunters Association. Er behandelte den Hund eines

Freundes wegen einer durch Stacheldraht verursachten Wunde. Ungefähr ein Jahr später hörte Dr. Sturgill ein Kratzen an seiner Tür. Er öffnete die Tür und entdeckte den Hund seines Freundes, aber bei ihm war ein anderer Hund mit verletzten und blutenden Pfoten. Der Hund kümmerte sich um die Verletzungen, und dann trotteten die beiden Hunde zusammen wieder fort.

Die Gaddis erzählen eine andere Geschichte von einem Langhornschaf, das im Sommer des Jahres 1962 aus dem Hochland in die Stadt Mt. Baldy (Kalifornien) kam. Das Tier war sehr krank. Es wurde aufgefunden und von einem Arzt gesundgepflegt. Dann kehrte es wieder in die Berge zurück. Aber zwei Monate später brachte es sein leidendes neugeborenes Lamm in das Haus des Arztes. Da es sein Lamm selber nicht heilen konnte, war das Schaf zu dem Mann zurückgekommen, der helfen konnte.

Wir stehen einem immer umfassenderen Wissen gegenüber, das die alten Theorien zerstört – daß etwa Tiere nicht denken können usw. Wir müssen deshalb unsere Vorstellungen von der Natur der Tiere überdenken. Die alten Modelle reichen nicht mehr aus.

Wird aus unserem neuen Wissen auch größere Achtung gegenüber anderen Lebensformen folgen? Werden wir auf andere Art alles Leben verehren können? Wie wird sich dann unser Leben verändern? Wird unser neues Bewußtsein, unsere neue Sensibilität nach anderen Proteinquellen verlangen als nach Fleisch? Werden die Tage des Jägers damit beendet sein? Es gibt Organisationen, die die Robben, Wölfe, Koyoten, Delphine, Wale, bestimmte Vögel beschützen, – wird sich diese Bewegung ausbreiten?

Was bedeutet die mögliche Ausrottung einer Spezies für uns? Wie berührt dies unser Leben? Der Wissenschaftler Jacques Cousteau hat geschrieben, daß wir uns schnell um unsere Ozeane kümmern müssen, sonst werden sie sehr bald tot sein. Andere haben vermutet, daß der Lebensvernichtung in den Meeren bald der Tod auf dem Land folgen würde. Solche Möglichkeiten sind ein weiterer zwingender Grund dafür, die Tiere besser zu verstehen. Der Ozeanograph John Todd spricht von der Notwendigkeit dieses Wissens. Michald Schofielf zitiert ihn in seinem Aufsatz »The Smelly Factor« (für das Magazin »Smithsonian«): »Die Ozeanographen fangen jetzt an zu begreifen, wie wichtig das Wissen darüber ist, wie die Meerestiere miteinander kommunizieren. Das ist nicht mehr eine rein akademische oder wissenschaftliche Angelegenheit. Die Sprache der Tiere ist das Mittel, über das sie ihr Leben in Beziehung zueinander organisieren – ganz wie bei uns. Ihre Kommunikation ist für ihr Überleben entscheidend, aber die Sprache der Fische und anderer Meerestiere ist vielleicht das schwächste Glied ihrer Lebensgeschichte. Ihre Signale können durch sehr geringe Meeresverschmutzung bereits verzerrt oder unterbrochen werden, und das könnte für ihr soziales Verhalten katastrophale Folgen haben. Ich will damit sagen, daß sich geringe Umweltverschmutzung bereits das soziale Verhalten in einer Weise verändern kann, daß sogar die Möglichkeit der nächsten Generation ausgeschlossen wird.«

In ihrem Buch »Smarter Than Man?« rufen Karl-Erik Fichtelius und Sverre Sjolander nach einer Veränderung im Verhalten der Menschen gegenüber den Tieren: »Sogar Leuten, die die Evolutionsdoktrin intellektuell verstehen, fällt es schwer, wirklich zu erfassen, daß der Mensch nur ein Teil der lebenden Erde ist. Der Mensch braucht einige Zeit, bis er wirklich weiß, daß ihm die Erde nicht gehört. Dann könnte der Mensch eine Demut erreichen, die er für ein tieferes Wissen um die anderen Tiere braucht, die ebenso mit einem großen Gehirn ausgestattet sind.«

Die Vermutung, daß dem Menschen die Erde nicht gehört, gibt uns einige erstaunliche Perspektiven. Einige Zeitlang haben wir geglaubt, daß die Bürger einer Nation, die ein Stück Land besetzt, dieses Land auch wirklich besitzen. Wenn wir so einmal Besitzer geworden sind, könnten wir – wenn wir nicht die Interessen anderer Besitzer berühren – mit diesem Land tun, was wir wollten. Es lag an uns, ob wir dort pflügen, anpflanzen, niederbrennen, bewässern oder Häuser bauen. Nur die Menschen hatten dort irgend etwas zu sagen. Keine andere Lebensform wurde befragt oder überhaupt berücksichtigt. Wenn Tiere damit zu tun hatten, so nur, um das Land zu bearbeiten oder als Produkt verwertet zu werden. Nun müssen wir uns fragen, ob allein der Mensch das Recht hat zu beurteilen, wie die Erde gebraucht wird. Gibt mir das Eigentum ein größeres Recht als den Tieren, die dort leben und von diesem Boden abhängig sind? Ist das Überleben und das Vergnügen des Menschen der einzige Maßstab? Sind diese Fragen nur phantastisch, oder bedeuten sie irgend etwas? Haben Tiere irgendwelche Rechte?

In der Geschichte wurden nicht immer allen Menschen Rechte zugestanden. Souveränität wurde oft auf Könige, Diktatoren usw. beschränkt, die allein die Rechte der anderen bestimmten. In den meisten Nationen bleibt auch heute die Kontrolle in der Hand einiger weniger. Das Stimmrecht besaßen bis vor einigen Jahren nur männliche Erwachsene. Und es ist noch nicht sehr lange her, daß diese wahlberechtigten Männer Landbesitzer sein und einer bestimmten Rasse angehören mußten. Jahrhundertelang gehörten Frauen, Sklaven und in gewissem Ausmaß Kinder zur beweglichen Habe oder zum Besitz, mit dem nach Gutdünken des Besitzers verfahren werden konnte. In dieser Stellung befinden sich größtenteils heute die Tiere. Werden die Tierrechte jemals eines unserer Ziele werden? Wahrscheinlich hängt das davon ab, was wir von den anderen Kreaturen wissen, wo ihr Platz (mit uns) im Universum ist. Vor wenig mehr als einem Jahrhundert hätte ein Landbesitzer nur gespottet, wenn er nach den Rechten der Sklaven gefragt worden wäre. Ist die Frage nach den Tieren denn wirklich lächerlich? Wird das immer so bleiben?

In seinem Buch »Man and Dolphin« fragt sich Dr. Lilly, was geschehen würde, wenn dem Delphin eine zweiseitige Konversation mit dem Menschen gelingen würde. Er nimmt an, daß dann der Delphin ein ethisches, rechtliches und soziales Problem würde. »Dann«, schreibt er, »werden sie die Schwelle der Menschheit erreicht haben . . . wenn sie die Konversationsmöglichkeiten jeden normalen menschlichen Wesens erreicht haben, stehen wir vor einer großen Schwierigkeit. Einige Menschen werden dann das Leben dieser Tiere verteidigen und ihren Gebrauch bei Experimenten beenden wollen: Sie werden darauf bestehen, daß wir sie als Menschen behandeln und daß wir sie medizinisch und rechtlich beschützen. Wenn es Möglichkeiten gibt, sie in Richtung der Menschheit weiter zu erziehen, dann wird eine solche Erziehung wahrscheinlich geradezu explosiv aufleben.«

Einige Leute werden sich fragen, warum hier so viel Nachdruck auf die Tiere gelegt wird, während so viele Menschen unterdrückt werden und sterben. Kein Argument in diesem Buch für ein Respektieren eine Verständigung und den Schutz der Tiere wollte die menschlichen Probleme gering achten. Und diese Probleme sind zahlreich genug. Ich wollte auch keinesfalls unsere Aufmerksamkeit von den vorrangigen Problemen ablenken.

Aber auch wenn diese Überlegungen nur auf das Wohlergehen der Menschen gerichtet wären, blieben sie wichtig genug. Ich meine nicht in bezug auf das Gleichgewicht in der Natur oder die Bedeutung der Tiere in unserer Ernährung. Es geht um mehr: Unser Verhalten zu den Tieren bleibt für uns selber wichtig. Wenn wir unsere Horizonte ausdehnen, um uns weiterzuentwickeln, um zu verstehen, was die neue

Physik unter der Verwandtschaft zwischen allem und jedem Lebendigen versteht, dann wird unsere Liebe zu allem Lebendigen und unser Verständnis allen Lebens wesentlich. In einer Welt, in der Gefühle und Gedanken bereits auch Dinge sind, wird es für unser Dasein entscheidend sein, wie wir jedes Lebendige respektieren und achten.

P. Andreas
G. Adams

Was niemand glauben will

Abenteuer im Reich der Parapsychologie

Ullstein Sachbuch 3344

Die Parapsychologie hat die Wissenschaft an die Schwelle einer neuen Denkrevolution geführt: Nachrichtenübermittlung durch Telepathie, Erforschung der altägyptischen Sprache mit Hilfe eines Mediums, Kontakte zu Verschollenen, Heilungen durch PSI – dies sind nur einige der faszinierenden Resultate, die hier zusammengefaßt und erläutert werden.
Sachlich und ohne Pathos geschrieben, liegt damit eine allgemeinverständliche Einführung in das Forschungsgebiet Parapsychologie vor, das um seine volle Anerkennung als Wissenschaft noch ringt; seine Phänomene jedoch ziehen den unvoreingenommenen Betrachter unweigerlich in ihren Bann.

Paul
Uccusic

PSI-
Resümee

Ullstein Sachbuch 3405

Dieses PSI-Handbuch bietet eine umfassende Information jenseits von Spekulationen, eine Gesamtdarstellung der Thematik und Phänomene unter Einbeziehung modernster Naturwissenschaft, eine echte Bestandsaufnahme gesicherten Wissens – in Abgrenzung von Hypothesen – ohne die ein durchgängiges Verständnis der Erscheinungen dieser Welt heute nicht mehr möglich ist. Seine klare, leichtverständliche Sprache macht auch demjenigen, der mit diesem Wissensgebiet bisher nicht in Berührung gekommen ist, das Verstehen leicht.

S. Ostrander
L. Schroeder

Vorauswissen mit PSI

Ullstein Sachbuch 3433

Es gibt zahllose Beispiele dafür, daß Vorahnungen und »Eingebungen« zu besonders erfolgreichen Unternehmungen, zu sensationellen Erfindungen und zu entscheidenden Wendungen im persönlichen Leben geführt haben. Ist das Zufall?
Nein, behaupten fast alle, die diese Erfahrung gemacht haben. Unser sechster Sinn, die Fähigkeit zu außersinnlicher Wahrnehmung, ist mit im Spiel!
Dieses an Fakten und Ideen überaus reiche Buch macht einleuchtend das Zusammenspiel von bisher als unvereinbar geltenden Erscheinungen deutlich: von PSI-Energie und Erfolgsdenken, von Medialität und Realität.